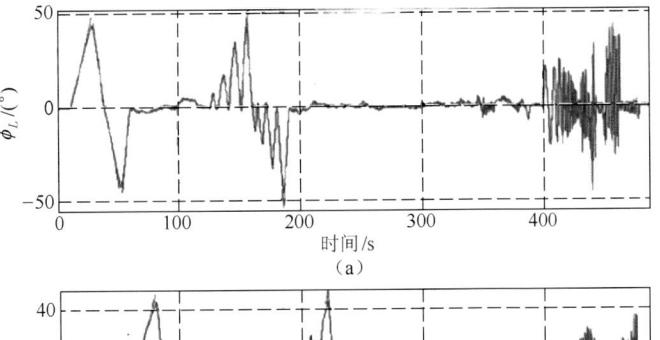

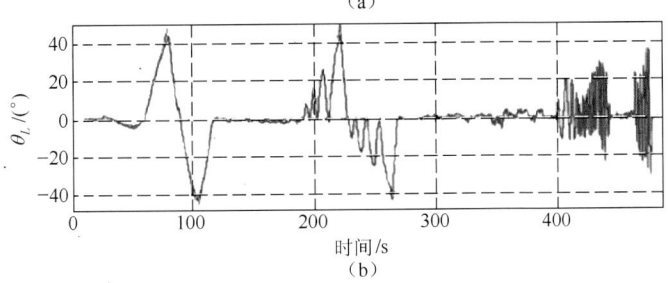

图 24　IMU(蓝)和倾斜计(红)估算低频欧拉角 ϕ_L (θ_L)结果比较曲线
(a) ϕ_L ;(b) θ_L 。

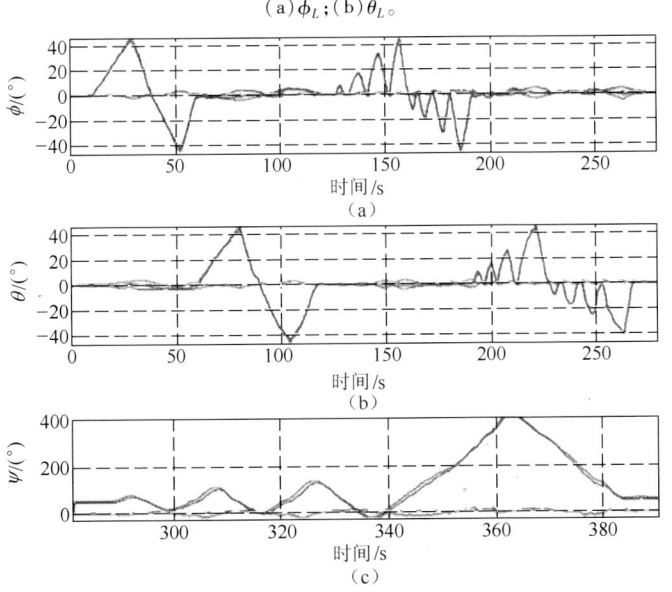

图 26　加速度计计算欧拉角 ϕ_L 、 θ_L (蓝)与数据融合计算欧拉角 ϕ 、
θ (红)比较结果,罗经计算 ψ_L (蓝)与信息融合计算 ψ (红)比较结果,
黑色曲线为信息融合计算欧拉角与 IMU 计算欧拉角的差值
(a) ϕ_L,ϕ ;(b) θ_L,θ ;(c) ψ_L,ψ 。

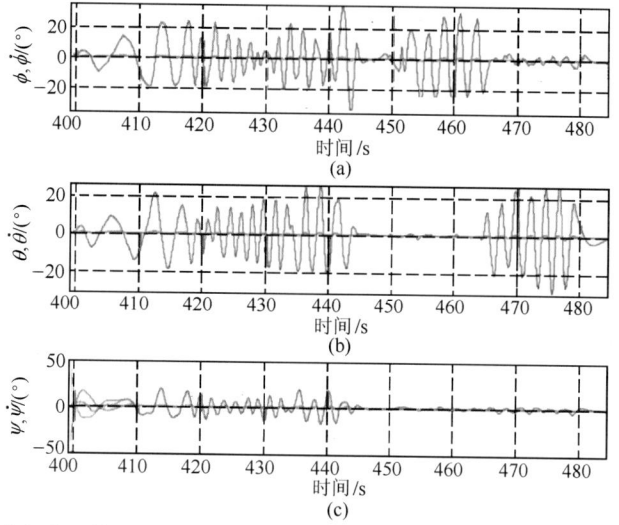

图27 运动方式3情况下,积分欧拉角速率 $\dot\phi$、$\dot\theta$、$\dot\psi$ 的高频分量(蓝)与信息融合计算欧拉角 ϕ、θ、ψ 的高频分量(红)的比较结果,黑色曲线为两信号的差值

(a)$\dot\phi,\phi$;(b)$\dot\theta,\theta$;(c)$\dot\psi,\psi$。

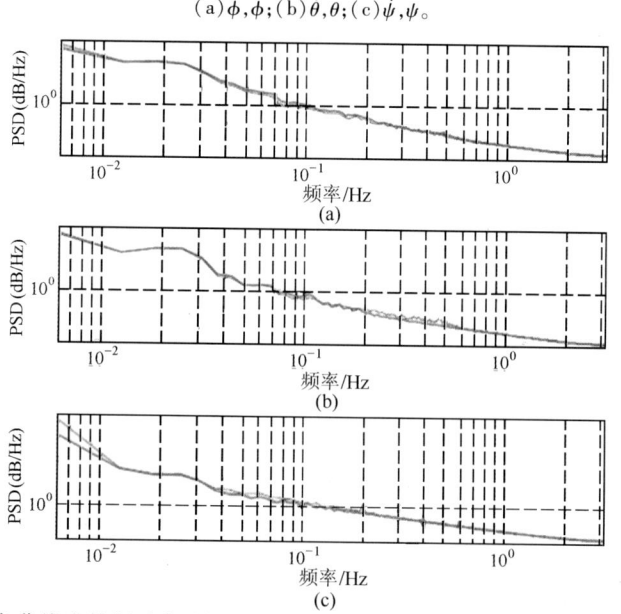

图28 红色曲线为数据融合欧拉角 ϕ、θ、ψ 的 PSD 值,蓝色曲线为倾斜计计算得到的欧拉角 ϕ_L、θ_L、ψ_L 的 PSD 值,黑色曲线为积分欧拉角速率 $\dot\phi$、$\dot\theta$、$\dot\psi$ 的 PSD 值

(a)$\phi,\phi_L,\dot\phi$;(b)$\theta,\theta_L,\dot\theta$;(c)$\psi,\psi_L,\dot\psi$。

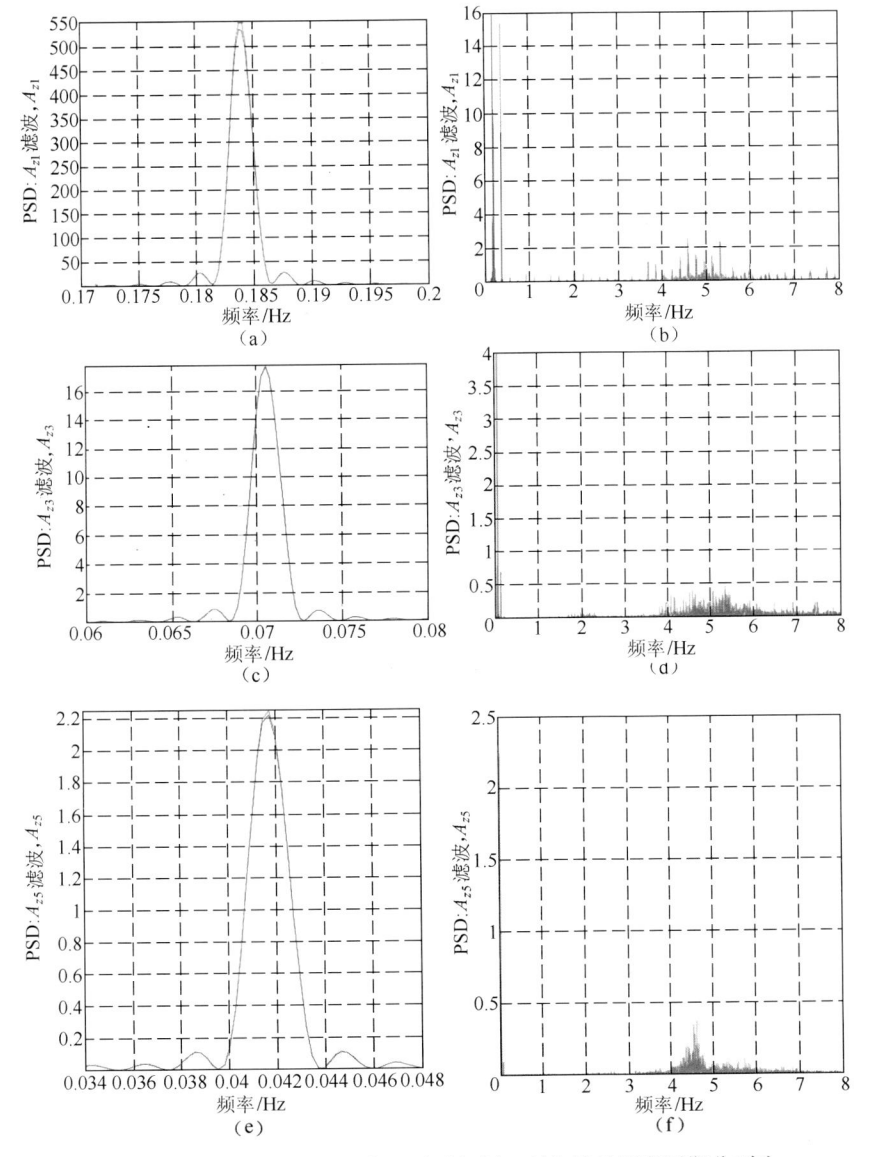

图 33　A_z 功率谱示意图（从上到下左侧一列曲线的设定周期分别为

5s、15s 和 25s，右侧曲线为左侧相应信号滤波结果）

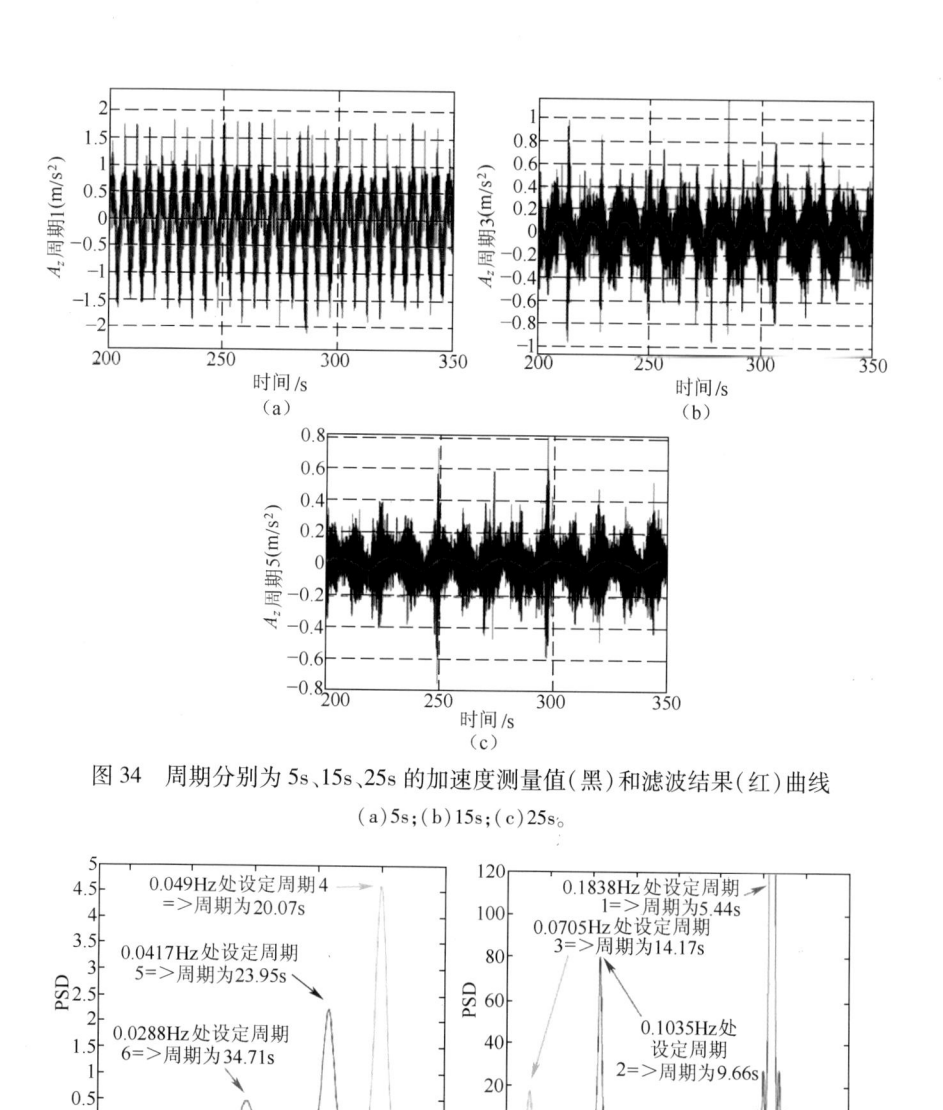

图 34 周期分别为 5s、15s、25s 的加速度测量值(黑)和滤波结果(红)曲线

(a)5s;(b)15s;(c)25s。

图 35 A_z 的 PSD 值(运动周期 1、2、3 的设定值分别为 5s、10s、15s,

运动周期 4、5、6 的设定值分别为 20s、25s、35s)

(a)周期 4、5、6;(b)周期 1、2、3。

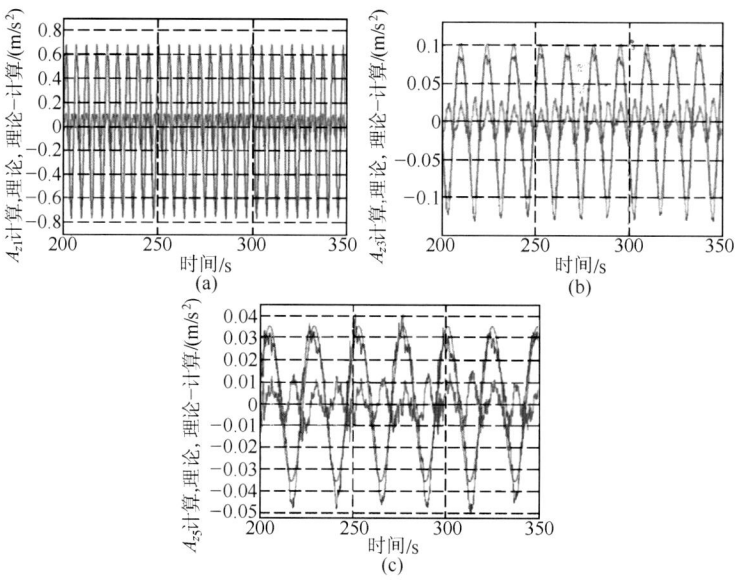

图 36　加速度曲线(运动周期 1、3、5 的设定值分别为 5s、15s、25s 为红色曲线，系统测量加速度为蓝色曲线，两信号的差值为黑色曲线)
(a)周期 1;(b)周期 3;(c)周期 5。

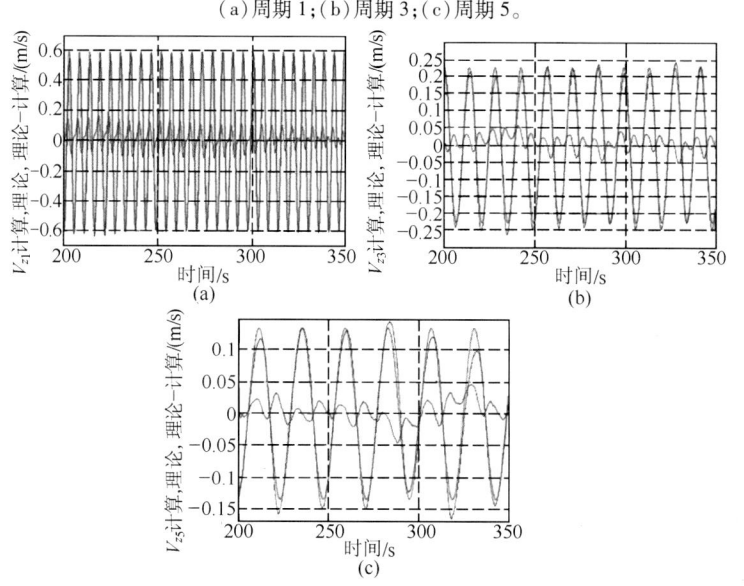

图 37　真实速度 V_z(红)、利用 detrend 函数和积分加速度解算速度(蓝)以及两信号的差值(黑)(设定周期 1、3、5)
(a)周期 1;(b)周期 3;(c)周期 5。

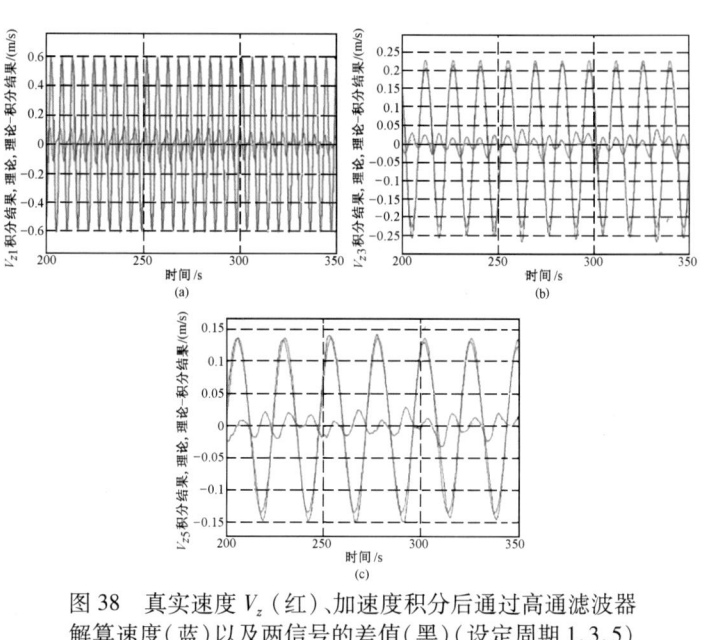

图 38　真实速度 V_z（红）、加速度积分后通过高通滤波器
解算速度（蓝）以及两信号的差值（黑）（设定周期 1、3、5）
(a) 周期 1；(b) 周期 3；(c) 周期 5。

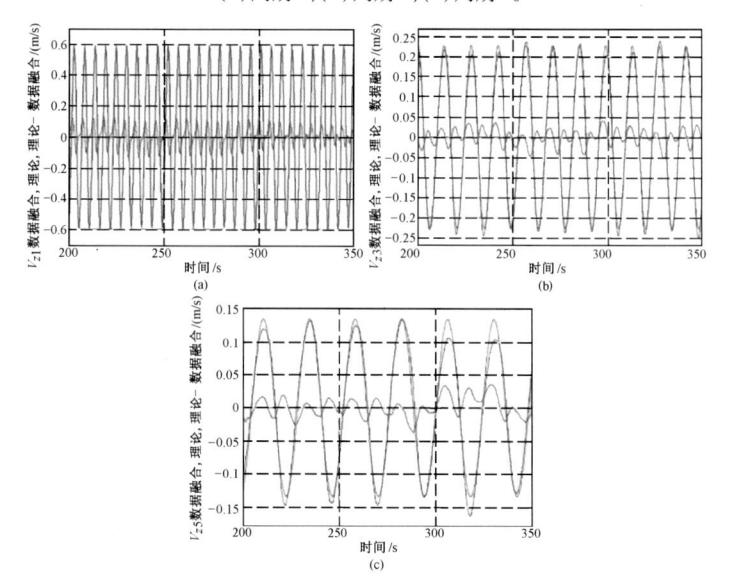

图 39　真实速度 V_z（红）、数据融合解算速度（蓝）以及
两信号的差值（黑）（设定周期 1、3、5）
(a) 周期 1；(b) 周期 3；(c) 周期 5。

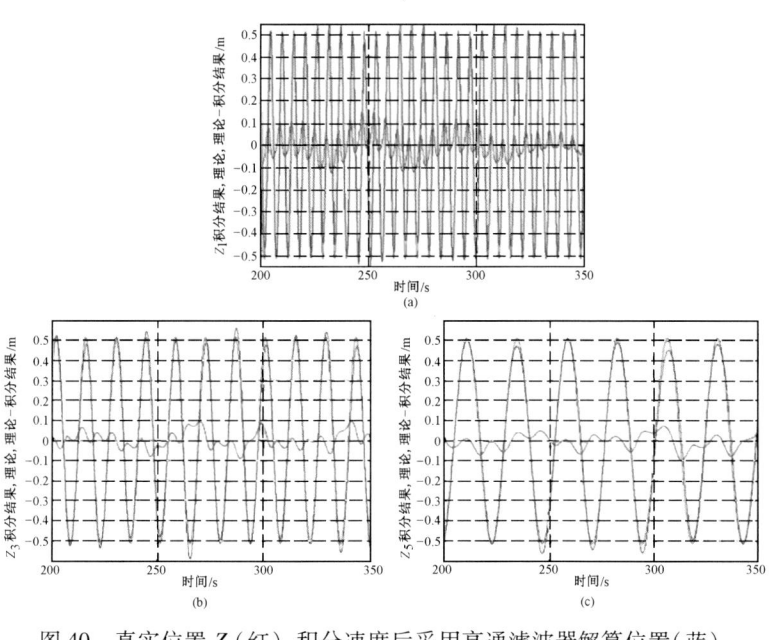

图 40　真实位置 Z（红）、积分速度后采用高通滤波器解算位置（蓝）
以及两信号的差值（黑）（设定周期 1、3、5）
（a）周期 1；（b）周期 3；（c）周期 5。

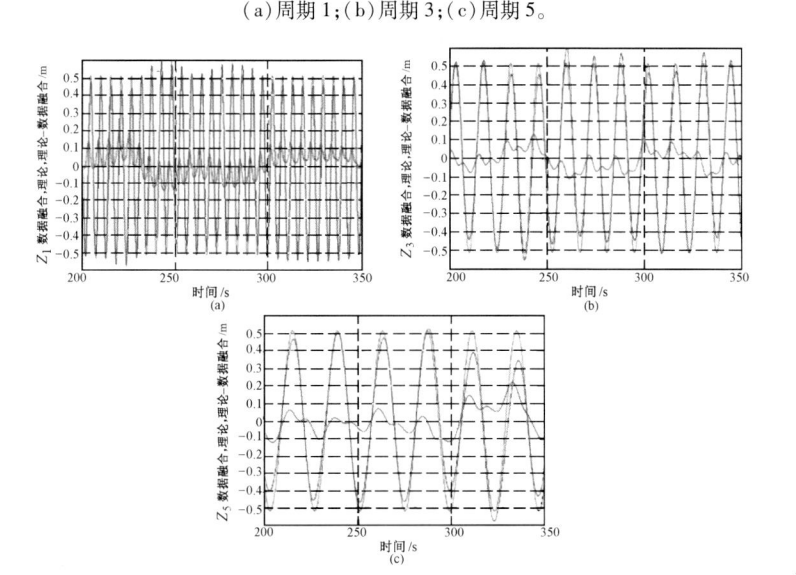

图 41　真实位置 Z（红）、数据融合解算位置（蓝）以及两信号的差值（黑）（设定周期 1、3、5）
（a）周期 1；（b）周期 3；（c）周期 5。

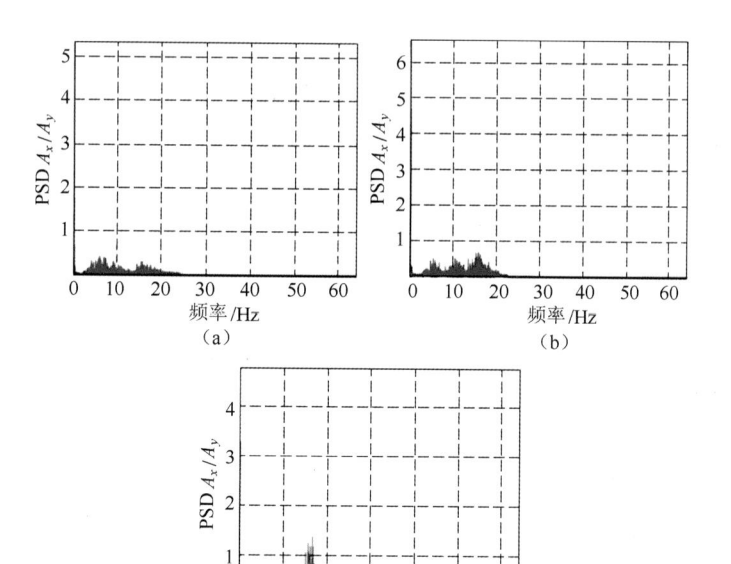

图 48　沿方形轨迹、端点间锯齿运动的方形轨迹和圆形轨迹 IMU 测量
加速度沿北向(蓝)、东向(红)分量的 PSD 结果

(a)方形轨迹;(b)端点间锯齿运动的方形轨迹;(c)圆形轨迹。

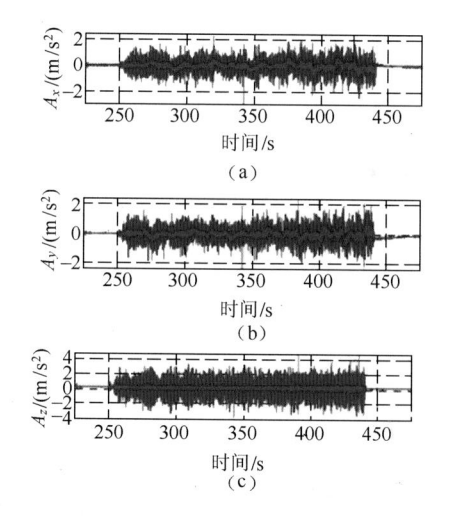

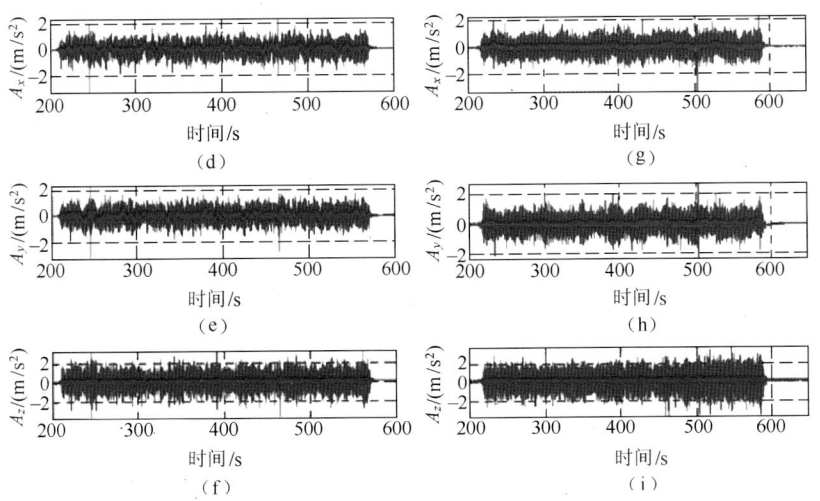

图 49　沿三种轨迹运动的测试中,频率高于 2Hz 的信号
对数据采集系统 IMU 测量加速度的影响

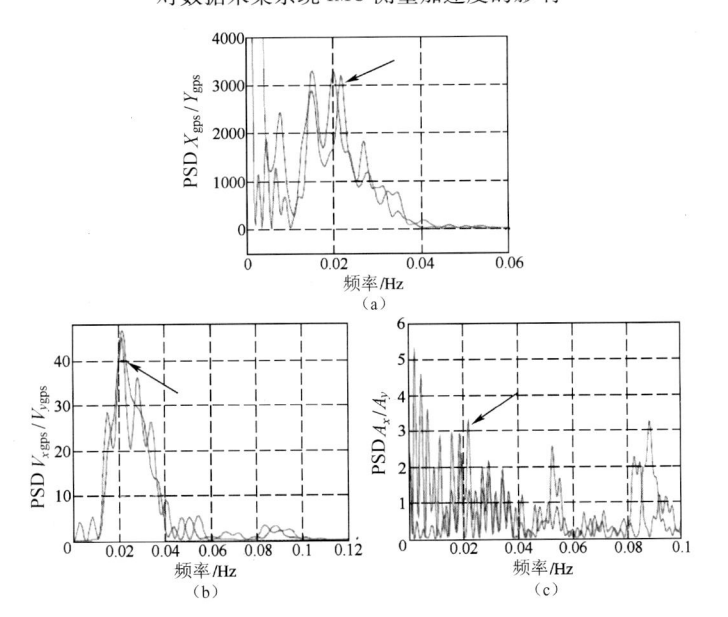

图 50　方形路径下 DGPS 位置信号、DGPS 速度信号、IMU 加速度信号的
PSD 曲线(蓝色曲线为量测值的北向分量,红色曲线为量测值的东向分量)
(a)DGPS 位置信号;(b)DGPS 速度信号;(c)IMU 加速度信号。

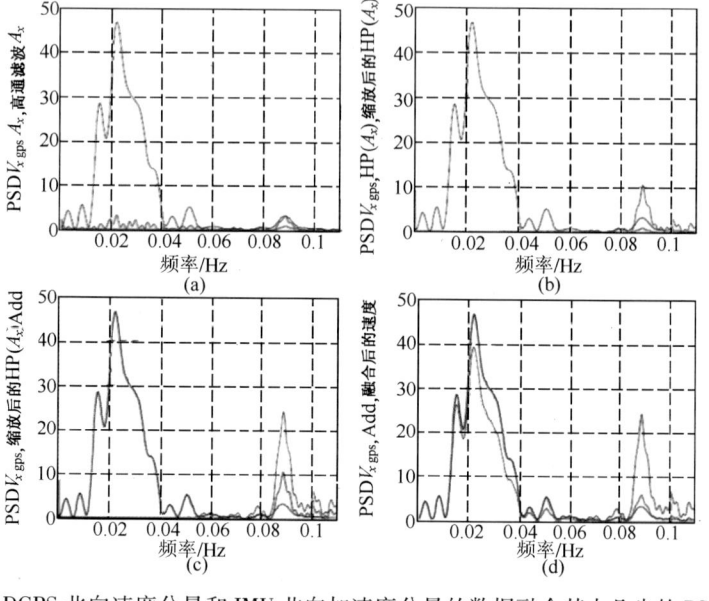

图 52　DGPS 北向速度分量和 IMU 北向加速度分量的数据融合其中几步的 PSD 结果

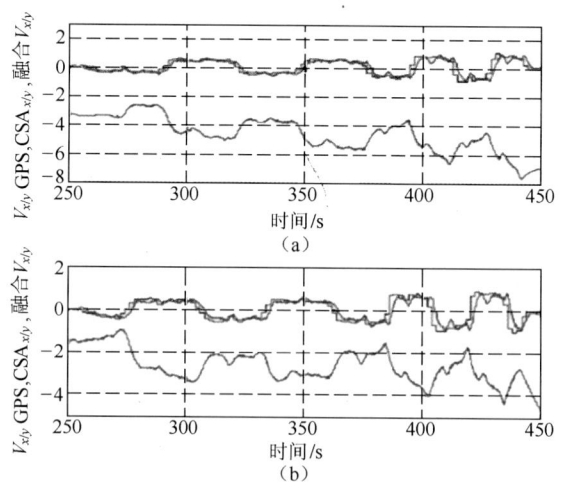

图 53　融合后的速度时域信号(红)与直接积分 IMU 加速度信号(黑)的比
较曲线,蓝色曲线为 DGPS 测速

(a)速度北向分量;(b)速度运动分量。

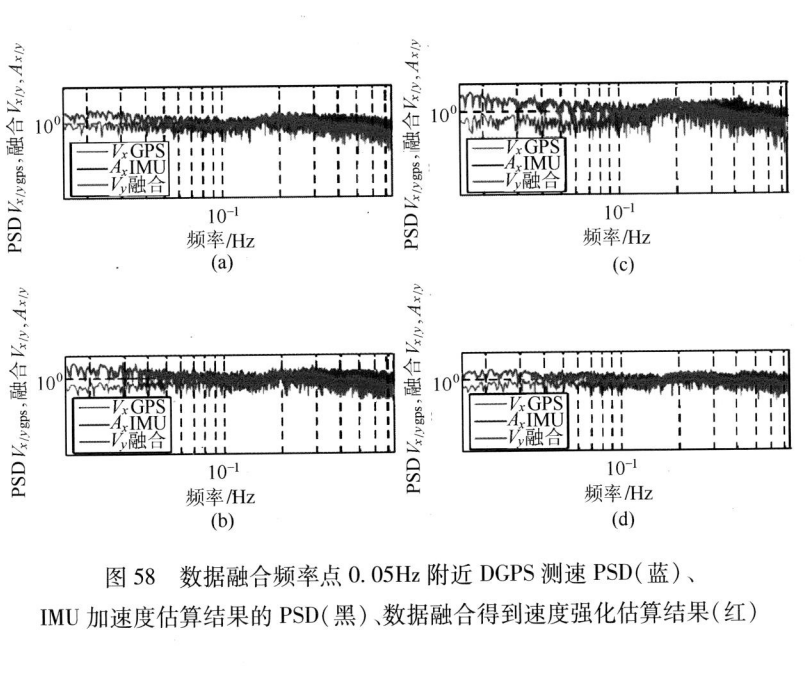

图 58　数据融合频率点 0.05Hz 附近 DGPS 测速 PSD(蓝)、
IMU 加速度估算结果的 PSD(黑)、数据融合得到速度强化估算结果(红)

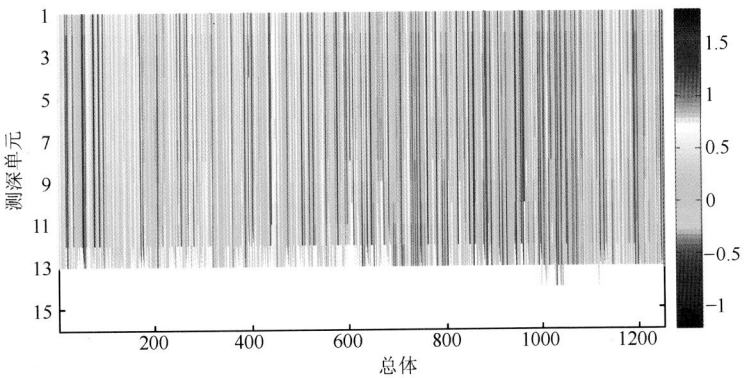

图 63　第一种运动路径(向南后向东)下,原始 ADCP 测速沿声束 2 投影,声束 2 指向前

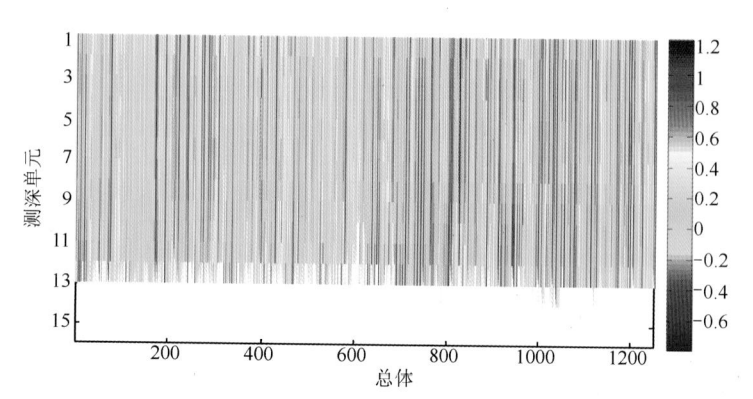

图64 第一种运动路径(向南后向东)下,校正后的 ADCP 测速
沿声束2投影,声束2指向前

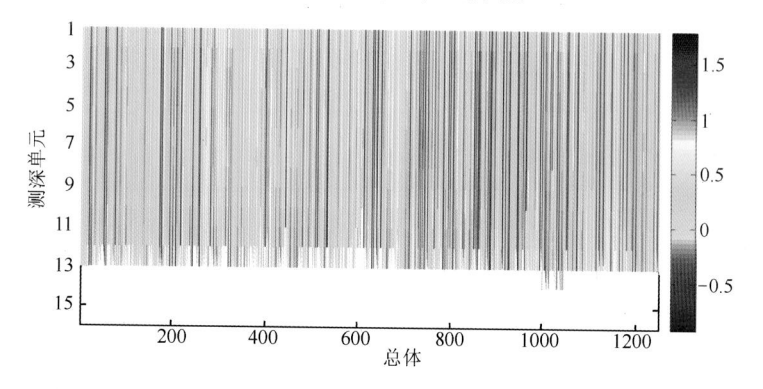

图65 第一种运动路径(向南后向东)下,原始 ADCP 测速沿声束3投影,声束3指向前

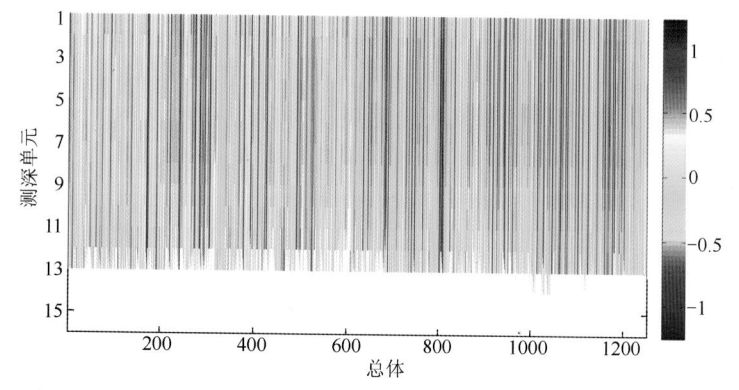

图66 第一种运动路径(向南后向东)下,校正后的 ADCP 测速沿声束3投影,声束3指向前

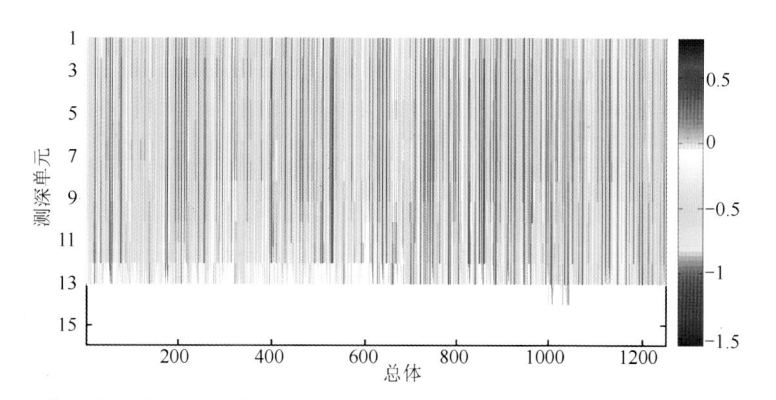

图 67　第一种运动路径(向南后向东)下,原始 ADCP 测速沿声束 1 投影,声束 1 指向尾

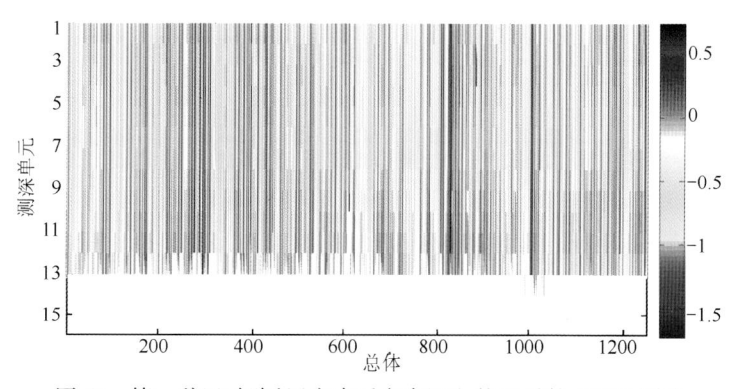

图 68　第一种运动路径(向南后向东)下,校正后的 ADCP 测速
沿声束 1 投影,声束 1 指向尾

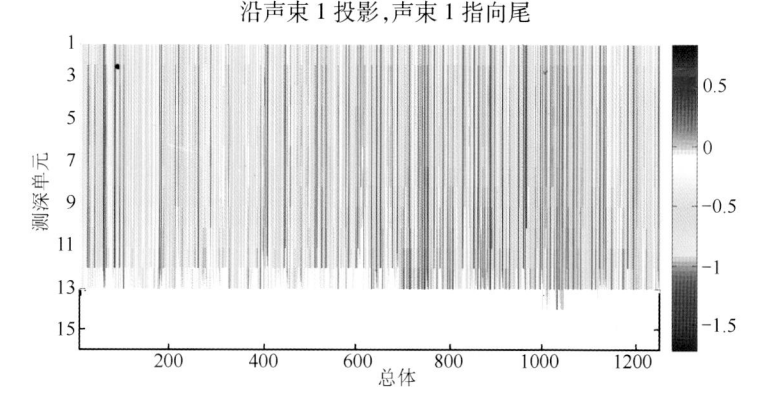

图 69　第一种运动路径(向南后向东)下,原始 ADCP 测速
沿声束 4 投影,声束 4 指向尾

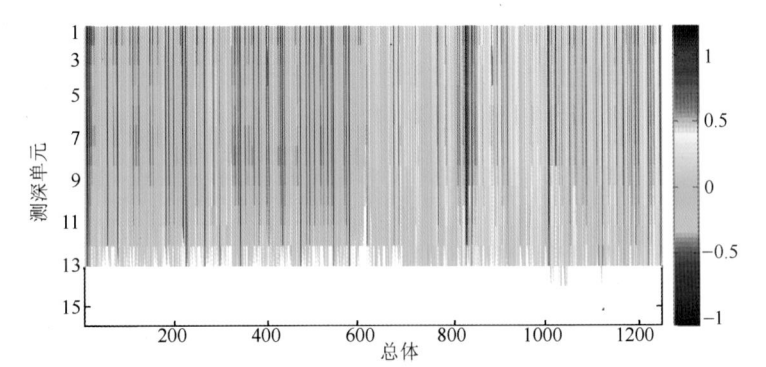

图 70 第一种运动路径(向南后向东)下,校正后的 ADCP 测速沿声束 4 投影,声束 4 指向尾

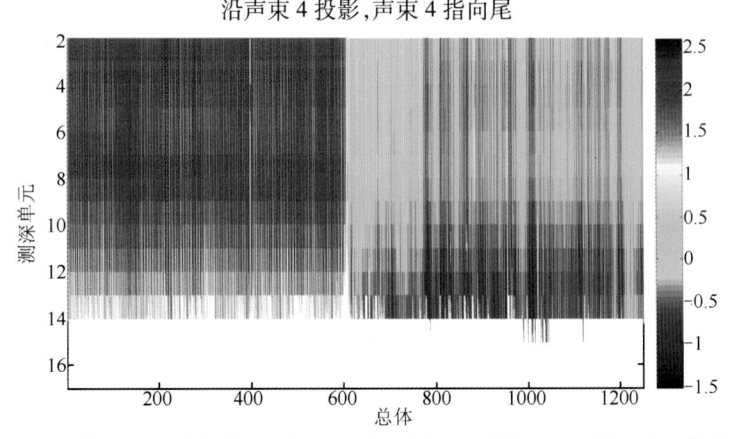

图 76 第一种运动路径(L 形,向南后向东)下,原始 ADCP 测速北向分量

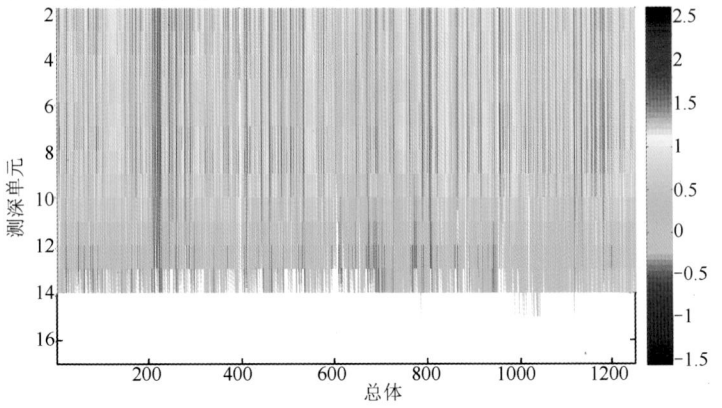

图 77 第一种运动路径(L 形,向南后向东)下,校正后的 ADCP 测速北向分量

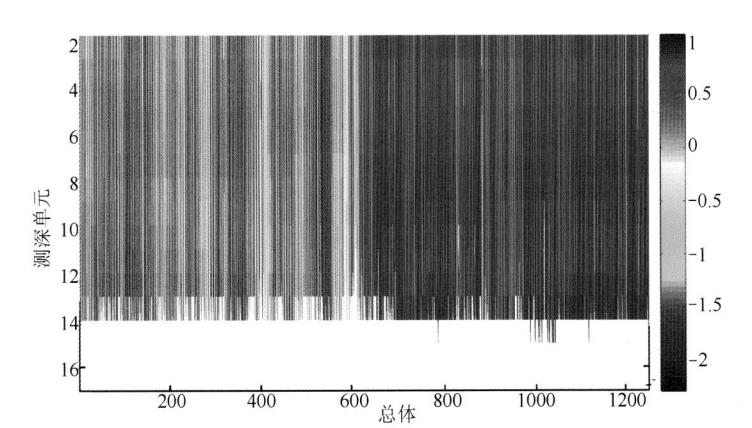

图 78　第一种运动路径(L形,向南后向东)下,原始 ADCP 测速东向分量

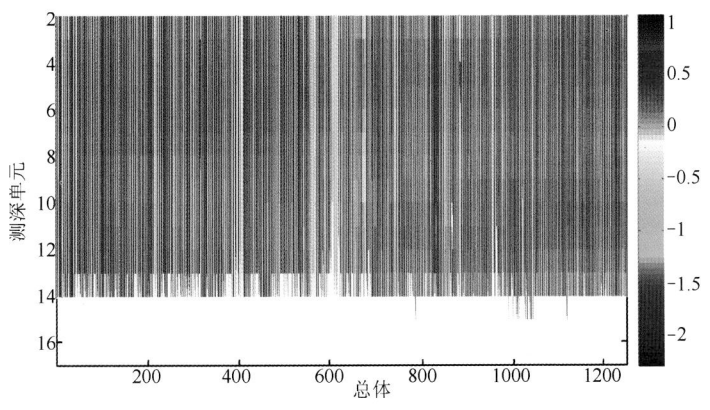

图 79　第一种运动路径(L形,向南后向东)下,校正后的 ADCP 测速东向分量

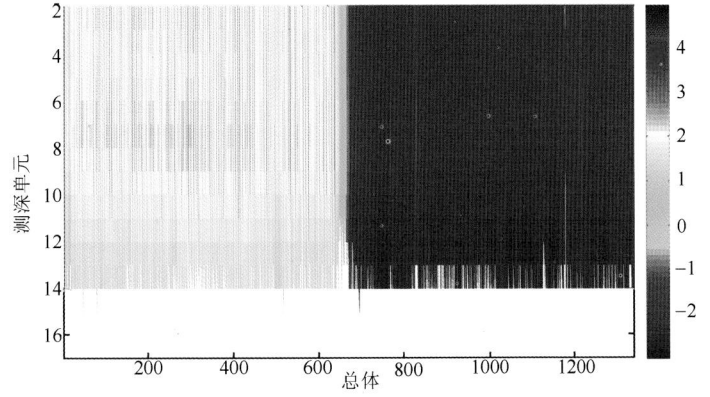

图 80　第二种运动路径(直线形,向南后向北)下,原始 ADCP 测速北向分量

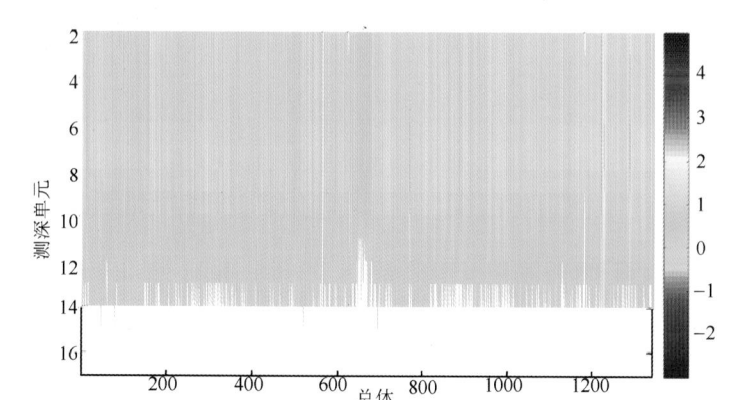

图 81　第二种运动路径(直线形,向南后向北)下,校正后的 ADCP 测速北向分量

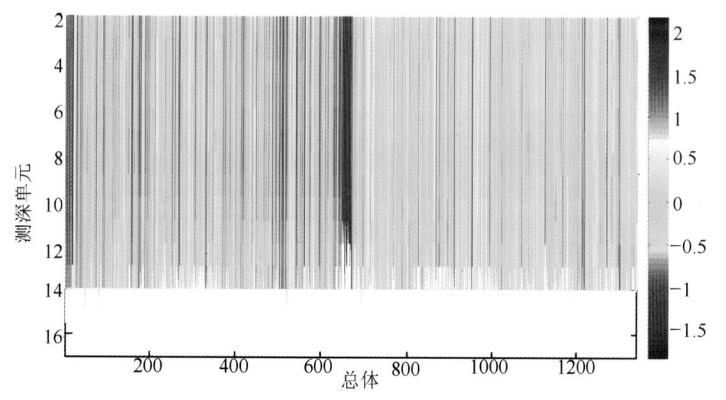

图 82　第二种运动路径(直线形,向南后向北)下,原始 ADCP 测速东向分量

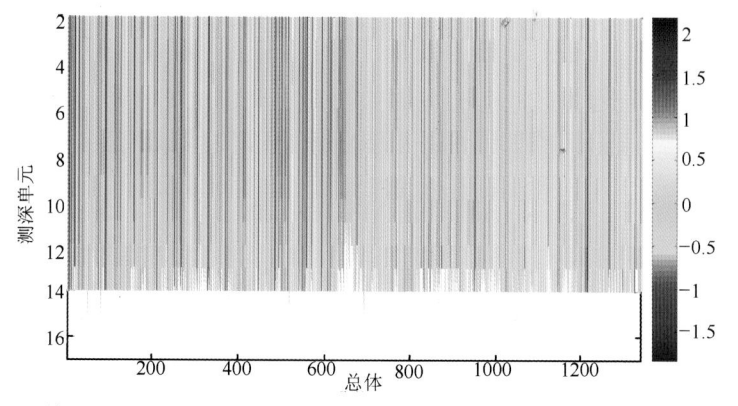

图 83　第二种运动路径(直线形,向南后向北)下,校正后的 ADCP 测速东向分量

基于高频虚拟组件的运载器水下导航及海洋遥感技术

A High‑Rate Virtual Instrument of Marine
Vehicle Motions for Underwater Navigation
and Ocean Remote Sensing

［美］Chrystel Gelin　著

王秋滢　董千慧　齐昭　译

于飞　审

国防工业出版社

·北京·

著作权合同登记　图字：军-2014-170号

图书在版编目(CIP)数据

基于高频虚拟组件的运载器水下导航及海洋遥感技术/
(美)格林(Chrystel Gelin)著；王秋滢，董千慧，齐
昭译. —北京：国防工业出版社，2015.8
　书名原文：A High-Rate Virtual Instrument of
Marine Vehicle Motions for Underwater Navigation
and Ocean Remote Sensing
　ISBN 978-7-118-10003-7

　Ⅰ.①基…　Ⅱ.①格…②王…③董…④齐…　Ⅲ.
①水下运行器-导航②水下运行器-遥感技术　Ⅳ.
①P754.3

中国版本图书馆 CIP 数据核字(2015)第 149036 号

Translation from English language edition：
A High-Rate Virtual Instrument of Marine Vehicle Motions for Un-
derwater Navigation and Ocean Remote Sensing by Chrystel Gelin
Copyright ⓒ 2013 Springer Berlin Heidelberg
Springer Berlin Heidelberg is a part of
Springer Science+Business Media
All Rights Reserved

※

*国防工业出版社*出版发行
(北京市海淀区紫竹院南路 23 号　邮政编码 100048)
国防工业出版社印刷厂印刷
新华书店经售

*

开本 880×1230　1/32　彩插 8　印张 3⅞　字数 96 千字
2015 年 8 月第 1 版第 1 次印刷　印数 1—2000 册　定价 48.00 元

(本书如有印装错误，我社负责调换)

国防书店：(010)88540777　　　发行邮购：(010)88540776
发行传真：(010)88540755　　　发行业务：(010)88540717

译 者 序

　　水面无人艇(USV)是指无人值守、自主控制的无缆舰艇,它可以通过全自动控制或远程遥控操作达到水面航行的目的。不同于造价昂贵、体积较大并且需要人为操控的传统水面舰艇,USV 由于无人操作而降低了有效负载需求,进而降低舰艇成本,减小舰艇体积。常规舰艇不仅需要具备许多功能来满足任务需求(例如,控制、导航、维护以及其他任务相关要求),还需要一系列能够满足人类生存的基本要求(例如,呼吸、饮食、娱乐等),正是这些基本要求提高了舰艇体积,增加了任务功能,加大了能量需求。相反地,USV 则没有上述功能要求,也正因如此,舰艇体积大大减小,工作效率有所提高。

　　在过去的二十几年里,相关人员对水下无人潜器做了很多研究,并使其得到长足发展,而对 USV 的关注度较低。因此,作者启动了本书的翻译工作,旨在增强读者对水面无人艇的了解,提高对水面无人艇的认识,对水面无人艇的研发与制造具有一定参考价值。

　　本书根据 Springer 出版的"造船学、海洋工程、造船业和船舶"系列丛书之一 *A High‐Rate Virtual Instrument of Marine Vehicle Motions for Underwater Navigation and Ocean Remote Sensing* 翻译而来,全面而系统地介绍了如何将多种测量仪器设备组合,开发一款能够测量并计算 USV 运动信息的软件包,以达到导航、控制、提高 USBL 系统定位性能的目的。本书由 Chrystel Gelin 编写,是以其在佛罗里达大西洋大学的一篇论文的基础上完善而成的。

　　全书共包括六章。第 1 章主要阐述了书中所做工作的原因和意义,并对工作内容进行简要介绍;第 2 章介绍了各类传感器和数据采集系统;第 3 章介绍了数据处理技术;第 4 章以图的形式详细介绍了各传感器的单独测试结果;第 5 章主要讨论并列举了各传感器数据融合结果、USV 定位和测速结果、舱内 ADCP 的运动校正结果;第 6 章为结论和未来工作内容展望。

本书的内容比较完善,读者只需要基本的传感器知识就能读懂。本书绝大部分翻译内容是根据原文直接翻译的,为了使读者读起来更加通俗易懂,有些地方进行了调整。翻译工作持续了一年多,进行了多次校对和调整。本书全文由王秋滢、董千惠、齐昭翻译,由于飞教授进行审核。在本书的翻译、出版过程中,得到了哈尔滨工业大学高伟教授、国防工业出版社于航编辑、哈尔滨工程大学张亚博士的悉心指导与帮助,在此向他们表示衷心感谢。

鉴于译者水平有限,翻译中难免有不妥之处,敬请读者批评指正。

译 者
2015 年 3 月

编 者 的 话

这部著作是以作者的一篇论文为基础，通过不断完善而成书，它是作者在佛罗里达大西洋大学海洋工程研究项目中的一篇论文。该论文听取了 N. Xiros 博士和 Drs. M. Dhanak，F. Driscoll，P. Beaujean 和 J. Van-Zwiete 等顾问委员会成员的建议。

在这里我非常感谢家人、朋友和这么多年一直支持鼓励我的同事们，因为你们才有这本书的问世。

我要特别感谢我的丈夫 Gregory，多年来，他一直包容我超负荷的工作，我的磨牙声常常让他睡不好觉。那段时间，我们全家人都承受着巨大的压力。

这本书能够成功，我的"老虎"团队功不可没。他们是我的祖母 Lea、母亲 Chantal、父亲 Jacques、年幼的弟弟 Cyril 和我最好的朋友 Anne。最后期望我的儿子 James 可以快点长大，能够和我一起分享这本书和这些经历，或许这能够鞭策他走上科学之路。

谢谢你们。这一路艰辛有时的确需要付出……

目　　录

图 目 录

表 目 录

第1章 概 论

水面无人艇(Unmanned Surface Vehicles, USV)是指无人值守、自主控制的无缆舰艇,它可以通过全自动控制或远程遥控操作达到水面航行的目的。不同于造价昂贵、体积较大并且需要人为操控的传统水面舰艇,USV 由于无人操作而降低了有效负载需求,进而降低舰艇成本,减小舰艇体积。常规舰艇不仅需要具备许多功能来满足任务需求(例如,控制、导航、维护以及其他任务相关要求),还需要一系列能够满足人类生存的基本要求(例如,呼吸、饮食、娱乐等),正是这些基本要求提高了舰艇体积,增加了任务功能,加大了能量需求。相反地,USV 则没有上述功能要求,也正因为是如此,舰艇体积大大减小,工作效率有所提高。

在过去的二十几年里,相关专业的科研工作者对水下无人潜器(Unmanned Underwater Vehicles, UUV)做了很多研究,并使其得到长足发展,而对水面无人艇/自主水面艇(USV/Autonomous Surface Vessels, ASV)的关注度较低。USV 的设计和研发主要致力于两个方面:①水文数据测量采集平台(Chaumet – Lagrange 1994, Manley 1997, DSOR 1998);②能够使 UUV 获得其位置信息以及具有海空联合交互通信能力的有效网关平台(GATEWAY platform)(DSOR 1998, ISR – IST 与 Oliveira 1999)。

本书的研究内容是"开发一款集海洋探测和'网关能力'于一身的 USV",该研究内容是某大型研究项目的子课题。需要特别说明的是,本书的设计系统中引入了低成本高频定位系统,这样可有效提高整个系统的导航、水声定位和海洋探测能力。

1.1 水文数据采集自主水面艇

1994 年之前，各研究机构很少关注水面机器人的研究发展。直到1994 年，波尔多港口管理局（Port of Bordeaux Authority）和波尔多大学（University of Bordeaux）开始致力于研发一种能够测量水文数据的USV，它的研发对海洋学工程师和相关领域研究者有所帮助（Chaumet‐Lagrange，1994）。该款 USV 的测量深度为 5m，最大航行速度为 15 节，可航行距离 10km。同年，由马萨诸塞州工业技术协会（Massachusetts Insitute of Technology）研发的、名为 ARTEMIS（Manley 1997）的 USV 也成功问世。ARTEMIS 长 1.37m，续航能力 4h，最快时速为 2~2.5 节。并且该款 USV 中配有计算机和数字罗经，以提供基本的导航和控制功能。三年后，同样由马萨诸塞州工业技术协会研发的全自主海岸探测（Autonomous Coastal Exploration，ACES）USV 也研发成功（Manley 1997），该款 USV 采用 1.8m 宽的双船体结构以保持其横摇稳定性并且有更高的有效载荷能力（图 1）。其中，USV 电力系统与控制软件采用了自主水面艇（Autonomous Surface Craft，ASC）ARTEMIS 相关软件系统的升级版。自 1997 年开始，中尺度海洋动态分析成为全世界范围内的关注焦点并得到快速发展，这也使得具有远程持久海洋探测能力的

图 1　自主水面艇 ACES

USV 成为研究热点。1998 年 6 月，由 IMAR/亚速尔群岛大学（University of the Azores）研发的 CARAVELA USV 进行了水面试验，该USV 船体宽度 7m，此次试验中 CARAVELA 以 5 节的速度航行了 2000海里，该项目于 2002 年完成。

1.2 网关 USV

水下运载器导航过程中的主要难点就是如何获得精确可靠的地理位置信息（Grenon，2001）。对于小型运载器的水下导航，采用多普勒测速装置通过船位推算法（Dead‐Reckoning，DR）获取运载器的位置是目前应用最广泛的方法之一（Babb，1990）。其中，船位推算法是指利用导航测量器件的量测信息，通过对沿载体方向的速度、加速度和角速度相对时间求积分来获取位置信息。由于器件误差和器件偏置会引起定位误差随时间呈指数形式增长，因此，目前的 DR 系统需要频繁地定位重校。全球定位系统（Global Positioning System，GPS）能够提供空中和地面运载器的大地坐标测量值，因此，GPS 经常作为 DR 系统的定位误差校正装置。然而，水下运载器无法利用 GPS 进行行进间校正，这是因为 GPS 信号在海空交界面（即水面）处只能穿过几厘米。因此，水下运载器的导航系统只能通过周期性的上浮水面或在水面上伸出天线来获取 GPS 信号，从而完成定位误差校正。

此外，长基线（Long‐Base‐Ling，LBL）、短基线（Short‐Base‐Ling，SBL）和超短基线（Ultra‐Short‐Base‐Ling，USBL）水声定位系统经常取代 GPS 作为载体水下行进间定位装置。水声定位系统是用来测量各测量单元间距离的装置。LBL 的基线长度为 100~6000m，而 SBL 和 USBL的基线长度分别为 20~50m、小于 10cm。在海底或海平面处安置位置固定的水声信标，这些水声信标的 LBL 阵列（海底处是 LBL，海平面处是倒置 LBL）可以用来构成三角阵以确定运载器的位置。可见，若采用 LBL对 UUV 进行定位，则获取地理位置信息只能被限制在浮标阵列的范围内。此外，在远离海岸的深海区部署 LBL 阵列是较为困难的，若使其系泊在表面,则浮标不具有隐蔽性,在战争期间脆弱易被攻击。

对于短基线水声定位系统(SBL),传感器阵列以每两个相隔几十米的距离安装在大型船舶的船壳表面,但这使大型船舶易被发现,无法保证其隐蔽性。而对于超短基线水声定位系统(USBL),每两个传感器之间至多相隔几厘米,并且被封装成一个单独的小型水下测声阵列。由于 USBL 具有易部署、隐蔽性高、复杂度低、体积小等优点,使 USBL 成为 UUV 的理想导航系统。此外,由于 USBL 只有一个单独的传感器,因此不需要部署发射机应答器阵列(Vickery 1998)。所以,对网关型 USV 来说,USBL 是一个理想的 UUV 水声定位系统。USV 是理想的移动网关平台,它可以利用已安装的 USBL 和调制解调器通过海空交界面与 UUV 通信并获取其定位信息。遗憾的是,很少有研究关注UUV 与 USV 之间的联合工作方式。为了使自主水面艇(ASC)与海洋数据采集 UUV 能够联合工作,并确保两载体之间建立快速通信连接装置的,研制并开发了"海洋运载器机器人控制协调操作系统的改进综合系统(Advanced System Integration for Managing the Coordinated Operation of Robotic Ocean Vehicles, ASIMOV)"项目(ISR - IST 2000)。

项目中采用了两个海洋运载器机器人:DELFIM ASC 和 INFANTE AUV。其中,DELFIM ASC 是一个小型双体船,该双体船长 3.5m,宽 2m,重 320kg(图 2),具有海洋数据自主采集功能,并且可以作为潜水艇与支援船之间的水声测量系统。DELFIM 除了作为通信连接装置,还可以作为沿精确路线自主航行的独立传感器,并能够在航行期间完

图 2　自主水面艇 DELFIM(ASIMOV 项目的子课题,始于 1998 年,
　　　该艇由系统与机器人研究院制造)

成海洋和水深等数据的自动采集任务。此外,这类传感器可以:①作为船载系统,完成导航、制导与控制任务;②作为超短基线(USBL)组件,对 AUV 定位;③利用射频(Radio Freqency, RF)进行水面上通信链接;④作为水下高速声学通信系统。这样,将姿态测量组件、多普勒计程仪和 DGPS 的动态测量数据进行融合就可以得到导航信息,达到导航的目的。此外,利用接收距离为 80km 的无线电信通信可以完成 AUV、ASV、GPS 基站与海岸控制中心的数据通信任务。为了使 USV 与 AUV 之间的声学通信带宽更大,这里引入了垂直通道(高频水下声学系统)。

1.3　目 标 系 统

FAU 不仅是一款具有海洋探测和网关功能的 USV,也是一款低成本移动的水面平台(图 3)。该系统与移动测量组件组合(本书的主要研究内容),来辅助导航、控制并增强声学探测性能。该 USV 装有一个 USBL 和一套声学通信系统。这样,在载体航行过程中,UUV 可以与外界通信,并且实现位置更新。此外,USV 通信操作员还可以通过海岸或远距离船舶的上行射频信号来完成与水下运载器的通信等任务(Leonessa 2002)。最后,装有声学多普勒流速剖面仪(Acoustic Doppler Current Profiler, ADCP)的舱内传感器可以提供海洋测量数据。

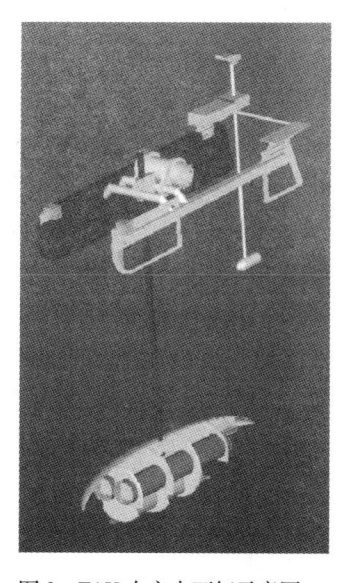

图3　FAU 自主水面艇示意图

1.4　问 题 陈 述

USBL 声学定位技术是指确定安装有无线电接收机的运载体和远

程水下应答器之间距离和方向的过程,其中,远程水下应答器能够对其接收信号进行自动应答。安装在移动目标上的远程水下应答器可以利用船载 GPS 和舱内传感器的量测数据进行定位,该定位方法是指利用水面船舶的定位信息、水面船舶与远程水下应答器之间的相对位置和方位来估算水下运载器的大地位置信息。其中,水面船舶定位信息由其舱内传感器组件提供,远程水下应答器安装在水下运载体或移动目标上。AUV 和 ASV 之间的距离可以根据测量远程水下应答器发射询问信号到接收应答信号期间所用的时间来获得。USBL 无线电收发机到移动信标之间的方位夹角可以通过比较多元(3 个或更多)传感器中各单元接收信号的相位差来确定。

USBL 水下测声仪器安装在 USV 远离 GPS 天线的刚性长支柱上,这样,当 USV 对海浪敏感并随之摆动时,USBL 也随之摆动。如果想让 USBL 提供精准的定位信息,就必须能够高频测量并输出水下测声仪器的位置和方向信息,以校正并补偿 USBL 的方位和定位测量误差。然而,对于小型船舶,GPS 接收机无法满足高频和高精度的需求。为了解决该问题,这里提出了一种高频输出、高精度的定位定向测量系统,即将低成本的惯性组件与 GPS 接收机组合来计算 USV 的惯性运动信息,再利用该信息来校正/转换 USBL 的定位和方位基准测量值。该系统对风大浪急海况下的水面船舶也同样适用。导航和控制系统的基本设计原则是系统对载体定位、定向和测速要包括 3 个或 6 个自由度,本书提出的这类系统就可以满足上述要求。此外,导航测量组件包含 ADPC,该设备不仅可以测量水流速度,还可以测量 USV 相对水流的运动速度。

ADCP 是利用多普勒频移和声学脉冲时间延缓来测量传感器艏向相对水流运动速度的一类测量系统。它通过在水中发射固定频率的声波脉冲信号并采集声散射体中的回声信号来获取多普勒频移,最终估算水流速度。虽然 ADCP 可以对速度进行无干扰测量,但其无法将水流运动和自身运动分离。因此,当该设备安装在移动平台上时,其测量值是平台运动速率和水流速率之和。所以,需要想办法剔除 ADCP 测量运动速度中的干扰信息,以便于后续的数据分析,避免对干扰信息长时间求均值。本书提出的系统就是为了提供载体运动测量信息以及处理方法,最终完成上述任务。

1.5 本书贡献

本书的主要工作是将多种测量仪器设备组合,开发一个能够测量并计算 USV 运动信息的软件包,以达到导航、控制、提高 USBL 系统定位性能的目的。此外,该运动测量系统能够控制舱内 ADCP 系统并校正船舶运动量测信息中的水流速度干扰量,其中船舶运动包括纵荡、横荡、升沉、横摇、纵摇、航向等。简单的数据采集系统要求具有易部署、设定初始校正参数后适应性强等特性。

USV 运动测量系统包括一组由加速度计和速率陀螺仪构成的惯性测量单元(Inertial Measurement Unit,IMU)、GPS 接收机、磁通门罗经、倾斜计和 ADCP。由于各传感器特性不同,因此要想链接所有传感器具有一定的挑战性。其中,一些传感器输出的是数字信号(如罗经/ADCP/GPS),而另一些传感器输出的是模拟信号(如 IMU/倾斜计),并且采用 RS232 串行通信端口的传感器具有两种不同格式的输出信号。TCM2 型罗经与 GPS 采用了 NMEA 0183(National Marine Electronics Association,国家海洋电子协会)标准,而 RDI ADCP 采用了 ASCII(American Standard Code for Information Interchange,美国标准信息交换码)或二进制输出。此外,这些传感器的波特率是可选择的,TCM2 的波特率区间为 300~38400 波特,ADCP 的波特率区间为 300~115200 波特,GPS 的波特率区间为 4800~19200 波特。因此,只有充分了解每一类测量仪器的性能才能同时将其量测信息进行解码并转换为统一格式,最终形成数据采集系统。

此外,上述这些传感器无法独立完成系统的测量定位、提供充足控制信息以及 USBL 运动校正等任务。例如,GPS 虽然能够提供准确的定位信息,但是其更新速率低、分辨率粗糙;加速度计能够在一个较大的频段范围内测量线运动信息,但是其输出信号中包括零位偏置和低

7

频漂移等误差,这会导致定位误差随时间开方值的增大而增大。然而,将这些传感器组合后,它们具有的线性信息测量能力和其他各项显著性能就可以用来相互降低或消除各自的误差项,达到优势互补的目的。因此,在传感量测信息的融合过程中需要引入一体化和数据融合技术,来实时估算载体定位信息(Driscoll 2000)。基于该技术研制开发的软件包可以在所有频段内保留各传感器的有用测量信号,剔除误差干扰信号,进而使得最后输出的混合信号中无漂移误差。

除此之外,该运动测量系统可以用来消除 ADCP 测量中 USV 运动信息的干扰误差。为了达到该目的,该运动测量系统需要能够控制 ADCP,即能够通过命令来控制 ADCP 在某一固定频率发射声学脉冲信号,以及测量返回信号并译码。这样,就可以在每一次发射信号后得到投影至地球坐标系的水流速度测量结果和运动校正信息。

1.5.1 本书提纲

本书包括六个独立章节。第 1 章主要阐述了书中所做工作的原因和意义,并对工作内容进行简要介绍,此外还列举了本书的主要贡献;第 2 章介绍了各类传感器和数据采集系统;第 3 章介绍了数据处理技术;第 4 章以图的形式详细介绍了各传感器的单独测试结果;第 5 章主要讨论并列举了各传感器数据融合结果、USV 定位和测速结果、舱内 ADCP 的运动校正结果;第 6 章为结论和对未来工作内容的展望。

第 2 章　测量仪器和数据采集系统

全自主运载器的导航与控制过程需要测量运载器的位置和运动信息。为了得到该导航信息,需要在 USV 上安装各类测量仪器,主要包括声学多普勒流速剖面仪(Acoustic Doppler Current Profiler,ADCP)、惯性测量单元(Inertial Measurement Unit,IMU)、倾斜计和差分全球定位系统(Differential Global Positioning System,DGPS)。由于上述传感器的输出信号中既有模拟信号又有数字信号,这两种输出信号格式有所不同,因此,USV 上需要安装一个数据采集系统,用来同步采集、转译和处理各类数据。为了在系统中采用一种高度模块化的程序结构,这里引入了图形化程序语言,该语言采用简单易懂的数据处理过程替代了含有嵌入式低端程序语言的大部分复杂处理过程。这样,软件包具有易读、易修改等优点,并且可以省去邀请专业软件程序员来完成数据处理、程序修改等工作。此外,在需要的时候还可以采用嵌入式低端程序以提高效率。本章的第一部分主要介绍各类测量仪器及它们的性能指标和输出信号形式,第二部分主要介绍数据采集系统和它的基本结构,第三部分对软件进行详细描述。

2.1　传　感　器

2.1.1　声学多普勒流速剖面仪

ADCP 是一类基于多普勒效应的水流速度声学测量系统。它将声音以声学脉冲的形式沿垂直于传感器(发射器与接收机)表面以一个固定频率发射,在一段离散间隔时间(测深单元)内记录回声数据,最终得到水流速度信息。声学脉冲被随水流运动的散射物质反射,并且由于水流中存在与声束信号平行的相对速度,因此反射信号中存在多普勒频移。这样,ADCP 利用沿 4 个不同方向的换能器就可以计算出每个测深单元处水流速度的三维向量,其中 4 个换能器的方向相对于 ADCP 轴线呈等边角钢结构,每两个换能器之间的夹角、每个换能器与 ADCP 轴线的夹角均相同,且 ADCP 轴线与换能器发射声束构成的平面与 ADCP 表面垂直。ADCP 中每个换能器轴线即为一个声束坐标,每个换能器测量的水流速度均是水流沿其声束坐标方向的速度,这样,水流速度的垂直分量由所有换能器共同测量,每一对换能器用来测量沿其平面的水流速度水平分量。采用相似的方法,ADCP 可以通过连续脉冲来测量回声信号到达时间的变化,进而利用相位来估算时间延迟,代替频率变化。此外,发射接收声波过程的方位角可以利用 ADCP结合内部倾斜计和罗经传感器来测量。但是,由于这些传感器在质量和反应性能等方面较差,因此本应用中不采用这些传感器。

这里采用美国 RDI 公司生产的骏马系列 300kHz 宽带 ADCP(300kHz RDI Broadband Workhorse ADCP)(图 4),以声束 3 为参考标准声束(图 5),绕逆时针方向以 45°为间隔顺序安装。这样,声束 2 和

图 4　美国 RDI 公司生产的 ADCP

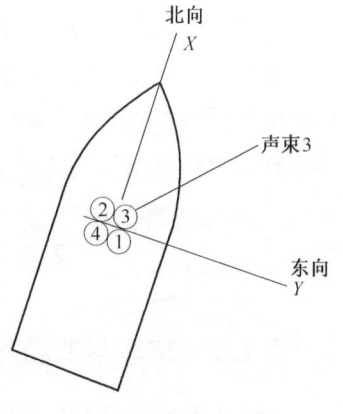

图 5　从船底下方向上看,ADCP声束 3 的方向与船艏向夹角为 45°

声束 3 看起来在前面,声束 1 和声束 4 看起来在尾部。图 6 为利用 4 个声束检测与纵荡和横荡有关的多普勒频移幅值示意图,该误差将在后续数据处理中被消除。

图 6 ADCP 传播原理示意图(ADCP 安装在船舶甲板上,
图中为沿 4 个方向的 4 束声束)

美国 RDI 公司生产的骏马系列 ADCP 通过 RS232 通信,波特率为 15200 波特(可选波段为 300～115200 波特)。此外,ADCP 的初始化过程需要一个唤醒信号(长达 300ms 的连续中断)和任务指令下载。该过程中,输出数据选择二进制结构(根据真实水流数据设定),数据频率设为 1Hz(表 1)。

表 1 美国 RDI 公司生产的骏马系列 300kHz 宽带
ADCP 主要性能指标

参数项	参数
测量范围	126m(最大值)
元件尺寸	8m(最大值)
速率精度	水流速度的±5%,相对 ADCP±5mm/s
速率分辨率	1mm/s

参数项	参　　数
测速范围	5m/s(最小)　20m/s(最大)
测深单元数量	1~128
倾斜计	
测量范围	±15°
精度	±0.5°
准确度	±0.5°
分辨率	0.01°
罗　经	
精度	±2°
准确度	±0.5°
分辨率	0.01°
最大倾斜角	±15°

ADCP采用不同的声束测量方法会适当降低同一水流信号在测量结果之间和脉冲信号之间的重复性。因此,测量结果通常采用平滑滤波器以降低信号的标准差,即相对速度的标准差。其中,ADCP测量相对速度的标准差是一个与每次均值/总体脉冲数量和测深单元深度有关的函数,这些数值在任务指令中已设定(图7)。

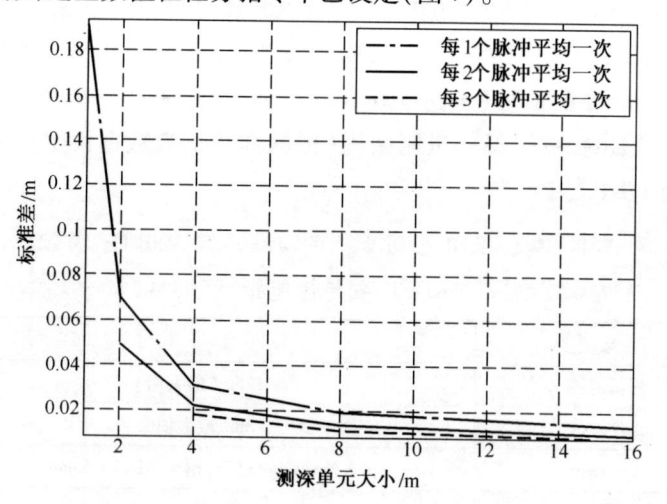

图7　ADCP测速标准差(与每次均值/总体脉冲数和测深单元大小有关)

此外,在该过程中,每一个脉冲数据都已经经过校正,并且该脉冲信号的方差为船舶运动测量元件精度和重复性的最大值。其中,速度测量元件的理想值应该小于 1cm/s,该值约为单个脉冲信号最低标准差的 1.5 倍(测深单元为 8m)。

2.1.2　惯性测量单元

由美国 BEI Systron Donner Inertial(SDI)公司制造的低成本的 MotionPack Ⅱ 型惯性测量单元(Inertial Measurement Unit,IMU)包括 3 个正交安装的微型石英角速率陀螺仪和 3 个硅加速度计,这些器件集成安装在一个"坚实的盒子"里,其内部具有功率调节和电子信号调节功能(图 8)。其中,MotionPak 加速度计和速率陀螺分别用来测量三轴加速度和角速率信息,并且这些传感器输出的电压信号与其敏感的载体角运动和线运动成比例(表 2)。

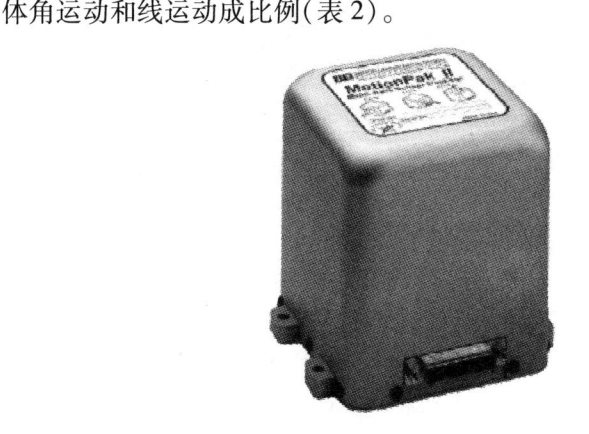

图 8　美国 BEI SDI 公司制造的 Motion Pack Ⅱ 型惯性测量单元

表 2　Motion Pack Ⅱ 型惯性测量单元规格性能指标

参数项	角速率通道			加速度通道		
	X 轴	Y 轴	Z 轴	X 轴	Y 轴	Z 轴
测量范围	±75°/s			±1.5g		
刻度因数	0.133V/°/s			6.66V/g		
零偏误差最小值	±5.0°/s			±125mg		
输入轴对准精度	1°(标准值)					

2.1.3 TCM2 型罗经

TCM2 型罗经单元(图9)含有一个两轴倾角计和一个三轴磁力计。其中,倾斜计是一种利用重力作为参考量来确定方位信息的角度测量装置,TCM2 型罗经单元中的两轴倾角计没有机械移动结构,取而代之的是内部充满液体。此外,TCM2 只提供方位信息,其内部倾斜计测量的横摇角和纵摇角由于没有足够的测量范围而无法使用,因此,TCM2 型罗经只能作为独立传感器来检测系统的性能(表3)。TCM2 通过 RS232 通信,波特率为 19200 波特,输出协议遵循 NMEA083,信息输出频率为 8Hz。

图9　TCM2-20 型罗经(包含一个两轴倾角计和一个三轴磁力计)

表3　TCM2-20 型罗经(包含一个两轴倾角计和一个三轴磁力计)规格性能指标

参数项	方位信息	倾角信息
测量范围		±20°
测量精度	水平状态:0.5°RMS 倾斜状态:1.0°RMS	±0.2°
分辨率	0.1°	0.1°
重复精度	±0.3°	

2.1.4 倾斜计

本项目中采用由 Fredericks 公司制造的倾斜计,该倾斜计中集合了倾角传感器和微处理器(图 10)。该设备具有精度高、功耗低的特性,并且能够对其自身进行纵倾调整(表 4)。倾斜计的输出电压为 0~5V,该输出信号与其敏感的倾斜角信息成比例(测角范围±60°)。

图 10 由 Fredericks 公司制造的倾斜计(测角范围±60°)

表 4 由 Fredericks 公司制造的倾斜计(测角范围±60°)的性能指标

参　数　项	倾角信息
测量范围	±60°
线性测量范围	±25°
零速输出电压	≤0.025V
重复精度	0.1
分辨率	≤0.2角分
稳定性(24h)	0.1
模拟输出扫描分辨率(0~5V 输出)	1.5mV

2.1.5 全球定位系统

全球定位系统(Global Position System, GPS)是一个由 24 颗卫星组成卫星网络的导航系统(图 11)。GPS 能够全天候将卫星信号传送至地球,GPS 接收机利用该信号计算卫星(卫星的位置已知)和接收天线之间的距离,最后,利用多颗卫星信号对使用者的地理位置进行三角测量定位。本书采用 GARMIN 76 型 GPS 接收机(图 12)。除了采用传统三角测量定位法以外,76 型 GPS 接收机还能够提供由广域增强系统(Wide Area Augmentation System, WAAS)校正后的更加精确的定位信息。

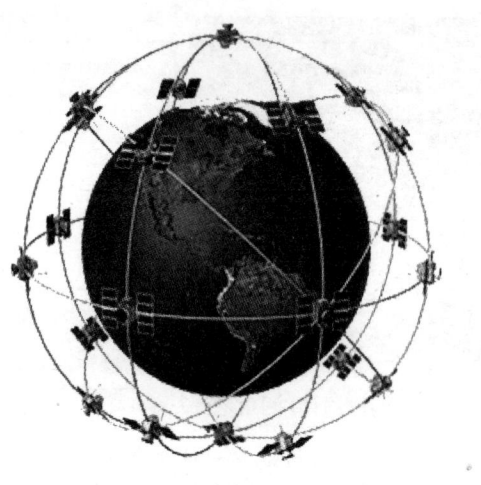

图 11　GPS 24 颗卫星位置示意图

图 12　GARMIN 76 型 GPS
接收机图片

该组件采用嵌入式四芯螺旋天线,经 WAAS 系统校正后的定位精度小于 3m。GARMIN 型 GPS 通过 RS232 通信,波特率为 4800 波特,输出协议遵循 NMEA0183,位置信息输出频率为 0.5Hz(表 5)。

表 5　GARMIN 76 型 GPS 接收机规格性能指标

参数项	参　　数
更新速率	0.5Hz,连续的
GPS 精度	<15M(49Ft)RMS,95%(标准值)
DGPS(USCG)精度	3~5M(10~16Ft),95%(标准值)
DGPS WAAS 精度	3M(10Ft),DGPS 校正后 95%(标准值)

16

2.2 数据采集系统

数据采集与处理系统通过利用具有"主机-目标机"结构的 xPC 目标机来实时记录传感器的测量数据,再利用该测量数据计算载体的运动与方位信息(图 13)。

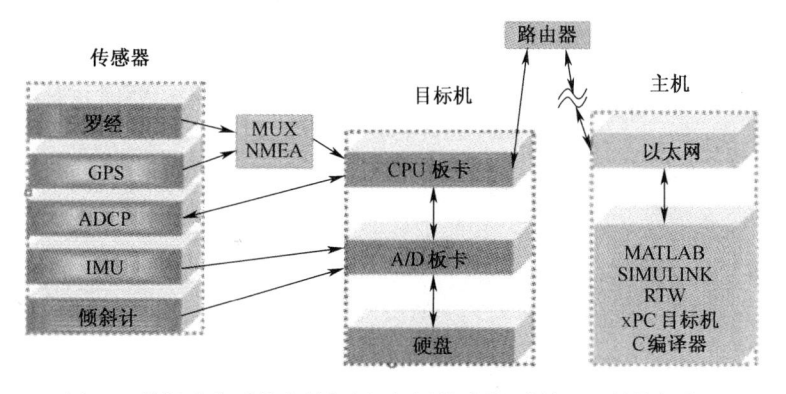

图 13 数据采集系统整体框图(包括传感器、计算机和链接部分)

2.2.1 主机

主机可以选择任意一款计算机,但该计算机必须能够运行由 MathWorks 支持的 Microsoft Windows 系统。此外,该计算机必须包含一组串口或以太网适配器,并且可以运行 MATLAB、Simulink、Real -Time Workshop(RWT)、xPC Target 和 C 编译器等程序。主机的主要任务是控制目标机,即控制目标机的启动、终止、监测和调整程序运行等。

2.2.2 目标机

为了使 USV 表面特征最小化,因此需要 USV 具有开放式的"软弱"结构。为了增强船舶稳定性,不仅需要保持系统的敏感性,还需要使系统中的电磁波特性最小化,因此,计算机被安装在压强相对较小的船舱内,约在船舶吃水线下 1m 处。由于测量仪器的承压性较小且耗

17

能量有限,因此这里选择 PC104 型计算机,该计算机具有小型和低功耗的优越性能。此外,目标机要求有 4 个或 5 个扩充插件板卡,用于数据采集、处理和存储等任务。计算机采用了 MOPSlcd6 型 CPU,该 CPU主频为 166MHz,含有两个串行端口、一个并行端口、一个以太网端口和一个键盘端口。该计算机和存储栈采用直流到直流的供电方式(DC/DC),其中,未调节输入电压为 24V,调节后的输出电压为 5V。

计算机中只含有两组串行端口,但要完成 USV 所有测量单元的通信需要 5 组串行端口:①GPS 和罗经;②ADCP;③两用声学调制解调器(Dual Purpose Acoustic Modem,DAPM);④高性能标准节点(High Performance Standard Node,HPSN);⑤指令控制计算机。因此,需要一个具有 4 组串行端口的串行扩充卡。这里选择基于钻石体系的 Emerald – MM型串行扩充卡。由于 IMU 和倾斜计的输出是模拟信号,所以 PC104 存储栈中需要安装 Diamond – MM – 32 – AT AD/DA 采集卡,该采集卡配有 32 个单端通道。控制板卡上装有内存 1GB 的硬盘,用来存储数据。此外,需要的时候可以安装 VGA 卡,以减少软件故障,便于软件调试。

2.2.3 USV 硬件结构

数据测量采集包包括一个能够与 5 个独立测量仪器连接的中央计算机,其中每个测量仪器都有其特有的处理装置与数据格式(图 14)。MotionPack 产生模拟电压信号,该信号输出前先采用 DP68 低通滤波器(截止频率为 50Hz)进行预处理,再经过数字转换器后输出,采样频率为 128Hz。倾斜计不需要预先的滤波过程,而是直接与模数转换器连接,采样频率为 128Hz。GARMIN 型 DGPS 和 TCM2 型罗经的输出信号在同一波特率区间,都采用 RS232 通信,转码协议都遵循 NM0183 标准。此外,两组信号输入至由 NoLand Engineering 制造的 NM42 型转换器,然后输入至同一串口。NM42 转换器可以与 4 个 NMEA 0183 仪器链接并将其转换为一个输出信号(图 15),并且这种传感器可以读取并存储每个测量仪器的输入数据。当接收到一组完整信号时,传感器会自动将该信号传输至输出端口并继续读取下一组输入信号。

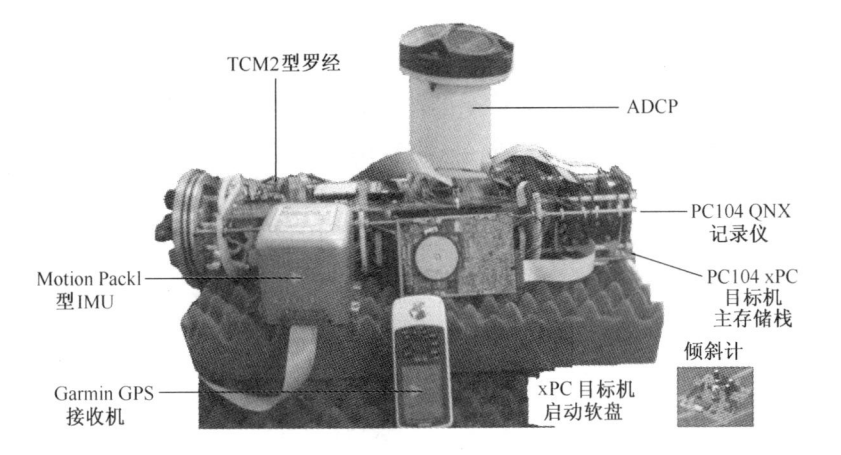

图 14　数据采集结构示意图

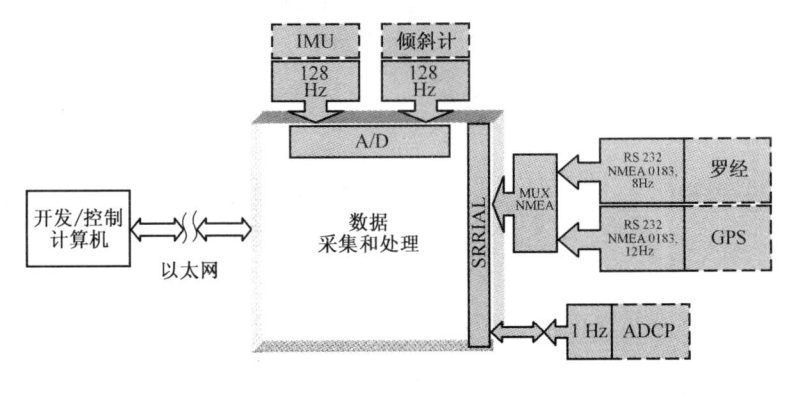

图 15　数据采集系统硬件结构图(包括传感器、计算机和链接部分)

　　IMU、GPS、倾斜计和罗经的数据流都经过"器件到数据采集计算机"这条通道,并且数据采集系统和 ADCP 之间的数据流是双向的,两者之间通过数字串口通信线路连接。不同于其他独立于数据采集计算机或输出连续(模拟)/定频(数字)信号的测量仪器,ADCP 在对信号采样前需要编写程序,并且通过询问来触发每次采样过程。因此,ADCP 需要专用串行端口,通信波特率为 115200 波特,采样频率设定为 1Hz。

2.2.4 计算机网络

主机和目标机之间的通信通过在主机上安装 Belkin 802.11g 型无线 Cable/DSL 网关路由器和 802.11g 轻便型无线网卡来完成(图16)。网关路由器采用 2.4GHz 的无线信号,其数据率为 54Mbit/s。它通过主机来控制启动或终止任务、目标重启(PC104 存储栈),以及监测目标机的运行程序。两者之间的能控距离是 1800 英尺。

图 16　Belkin 802.11g 型无线 Cable/DSL 网关路由器和 802.11g 轻便型无线网卡

2.2.5 软件概述

xPC 目标机的采集软件采用了具有"主机-目标机"结构的图形化程序语言。之所以选择这种语言,是因为它能提供一种高端图示开发环境,进而在 PC 机软件方面可以利用视觉上条理性较好的功能性模块,较快地将软件和硬件相结合。在这些功能性模块中,采用了简单的图形编码和简单的嵌入式代码。同样地,系统软件单独在一台 PC 机上开发(即系统主机),该 PC 机独立于数据采集系统和各传感器的自

20

有软件。其中,主机内装有 MATLAB、Simulink、Real - Time Workshop、xPC Target 界面模块和 C 编译器等软件。此外,主机将软件编译为"低开销"的可执行文件并下载至目标机——数据采集计算机。如果此时目标机正在执行任务,则主机需要监测目标机并提供某种程度上的可视化数据(图 17)。

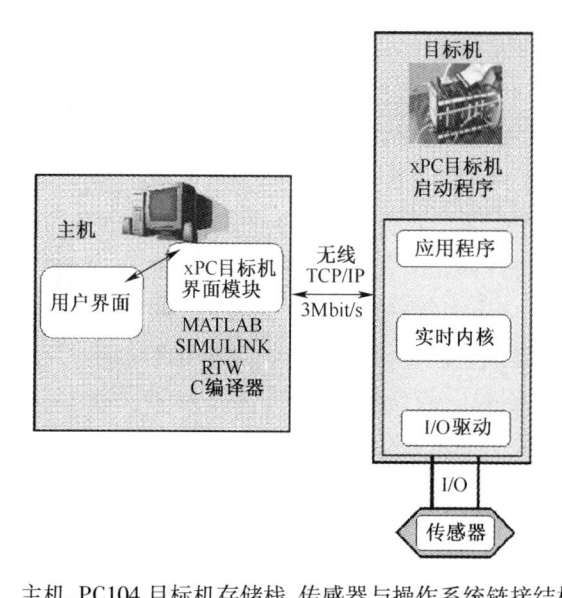

图 17　主机、PC104 目标机存储栈、传感器与操作系统链接结构框图

该软件开发的目标之一就是希望系统程序能够被容易且快速地读懂,并且在后续的程序开发过程中,程序结构易于修改与删减,而不需要读懂整体程序。因此,一个整体模块处理程序被划分为以下五部分:①系统初始化;②数据采集、翻译与转化;③载体转动运动估算;④载体平移运动估算;⑤ADCP 信号译码与校正。其中,上述每一个模块又由相应的子模块组成。

第3章　数据处理技术

本书提出的数据处理技术主要是指,利用各传感器的量测数据在组合模式下解算并高频输出运动载体相对地球的位置和姿态信息。然而,不同传感器之间存在相对运动,并且各器件的输出均沿非耦合坐标轴。例如,MotionPack 型惯性组件中的加速度计测量的加速度信息与速率陀螺测量的角速度信息沿着随船舶运动的三个垂直坐标轴,其中加速度测量值与重力加速度有关,重力加速度指向地心方向。同样,TCM2 型罗经是测量载体运动艏向相对磁北的角度,倾斜计测量载体的纵摇角和横摇角。与此不同,GPS 测量海平面以上、相对地球坐标系的地理纬度、经度和高度信息。可见,数据处理过程中需要将每一个传感器的测量输出投影至同一参考坐标系下,以便于后续解算。本章的第一部分(3.1 节)介绍了书中所涉及的各坐标系的定义,第二部分(3.2 节)介绍了向量沿任意参考坐标系与统一参考坐标系的投影转换过程,第三部分(3.3 节)介绍了数据融合技术及其应用,最后一部分(3.4 节)介绍了 ADCP 数据处理方法。

3.1　参考坐标系

载体相对地球坐标系(Earth - Centered - Earth - Fixed, ECEF) 的地理位置信息可以利用 GPS 自身测量数据获得。其中,地球坐标系以地球中心为原点,坐标轴与地球固连,该坐标系也是本节首先要介绍的。GPS 利用自身测量的载体对地速度和对地航向来解算载体沿北-东-地坐标系(North - East - Down, NED) 的运动速度,其中,NED 坐标系是本节第二部分主要介绍的内容。此外,TCM2 型罗经的方位输出信息也沿该坐标系。本节的第三部分介绍了载体固连坐标系,其中倾斜计、IMU 与 ADCP 测量结果沿该坐标系输出。

3.1.1 地球参考坐标系

地心惯性坐标系(Earth‑Centered Inertlai,ECI(i 坐标系))的原点位于地球中心,三个坐标轴 $[X_i \quad Y_i \quad Z_i]^{\mathrm{T}}$ 相对地球不旋转。地球坐标系(ECEF,e 坐标系)以地球中心为原点,三个坐标轴 $[X_e \quad Y_e \quad Z_e]^{\mathrm{T}}$ 与地球固连,相对 ECI 坐标系以 15.041067°/h(7.2921×10^{-5}rad/s)的角速度旋转。其中,Z_i 和 Z_e 轴从地球中心指向极北,X_i 和 X_e 轴在赤道平面内从地球中心指向零纬度处,Y_i 和 Y_e 轴满足右手螺旋定则(图 18)。ECI 坐标系和 ECEF 坐标系主要用于 3.2.1 节中的 GPS 定位信息解算过程。

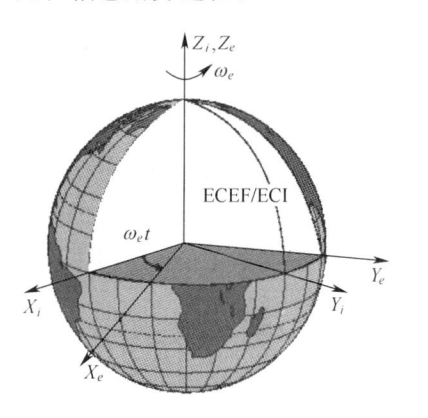

图 18　ECEF 坐标系和 ECI 坐标系与其坐标轴示意图

3.1.2 北‑东‑地参考坐标系

传统的北‑东‑地坐标系(NED)是位于地球表面的当地坐标系。由于地球自转角速度对低速运动的海洋运载器影响较小,因此可以近似认为该坐标系是惯性坐标系。NED 坐标系 $\mathfrak{I}_E$ 原点位于导航系统中心,X 轴指向北向,Y 轴指向东向,Z 轴指向地球中心(图 19)。对于地球表面航行的海洋运载器,其纬度和经度变化较小,因此采用 NED 坐标系来表达运载器导航信息是最佳选择(Fossen,1994)。GPS 定位信息从 ECEF 坐标系投影至 NED 坐标系的转换过程将在 3.2.1 节中介绍。此外,TCM2 型罗经的输出信息也沿 $\Im_E$ 坐标系。

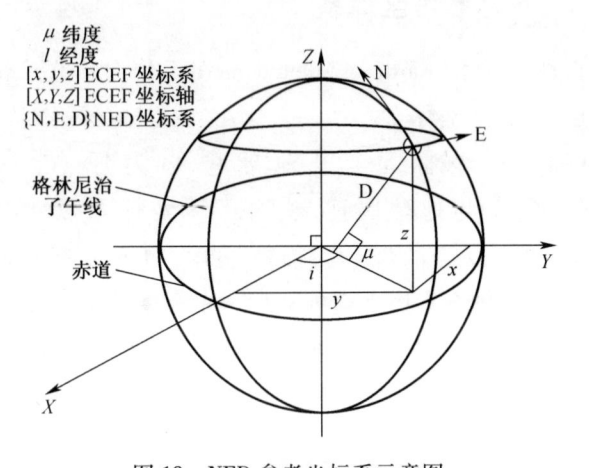

图 19　NED 参考坐标系示意图

3.1.3　载体坐标系

载体坐标系 $\Im_B$ 是一个定义在船舶或传感器表面的移动坐标系,并且传感器的敏感轴沿该坐标系。一般情况下,x 轴指向前方,y 轴指向船舶右舷,z 轴遵循右手定则指向下方。此外,IMU、倾斜计和 ADCP 的敏感轴都沿着 $\Im_B$ 坐标系,这部分将在 3.2.2 节中介绍。

3.1.4　船舶状态量

船舶运动有 6 个自由度(Degrees of Freedom,DOF),因此这 6 个状态量对描述船舶位置和方位是十分重要的(图 20)。

与载体固连的状态量可以通过位置向量 $\boldsymbol{\eta}$ 来表示:

$$\boldsymbol{\eta} \equiv [x,y,z]^{\mathrm{T}} \tag{1}$$

式中:x、y、z 分别为从 $\Im_B$ 系原点到目标位置沿 x、y、z 坐标轴的距离。

相似地,位置信息沿 $\Im_E$ 系可表示为

$$\boldsymbol{H} \equiv [X,Y,Z]^{\mathrm{T}} \tag{2}$$

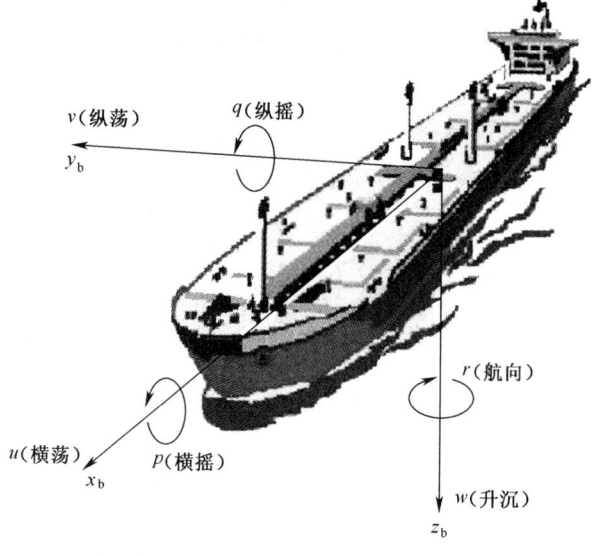

图20　船舶固连参考坐标系与载体运动的6个自由度
（纵荡、横荡、升沉、纵摇、横摇、方位）示意图（Fossen，1994）

从这里开始，书中的大写字母表示沿 NED 坐标系的变量，小写字母表示沿载体坐标系的变量。沿载体坐标系的线性速度 v 定义形式如下

$$\dot{\boldsymbol{\eta}} = \boldsymbol{v} \equiv [u,v,w]^{\mathrm{T}} \tag{3}$$

式中：u 为沿 x 轴（纵荡）方向的速度；v 为沿 y 轴（横荡）方向的速度；w 为沿 z 轴（升沉）方向的速度。

欧拉角运动定义形式如下：

$$\boldsymbol{\beta} \equiv [\phi,\theta,\psi]^{\mathrm{T}} \tag{4}$$

式中：ϕ 为绕 x 轴的横摇角；θ 为绕 y 轴的纵摇角；ψ 为绕 z 轴的方位角（图20）。

沿载体系的角速度定义形式如下：

$$\boldsymbol{w} \equiv [p,q,r]^{\mathrm{T}} \tag{5}$$

式中：p 为绕 x 轴的运动角速度；q 为绕 y 轴的运动角速度；r 为绕 z 轴的运动角速度。

3.2 坐标系转换

下面主要介绍将各量测数据从不同的传感器坐标系分别投影至
NED 坐标系和统一参考坐标系的转换过程(图 21)。

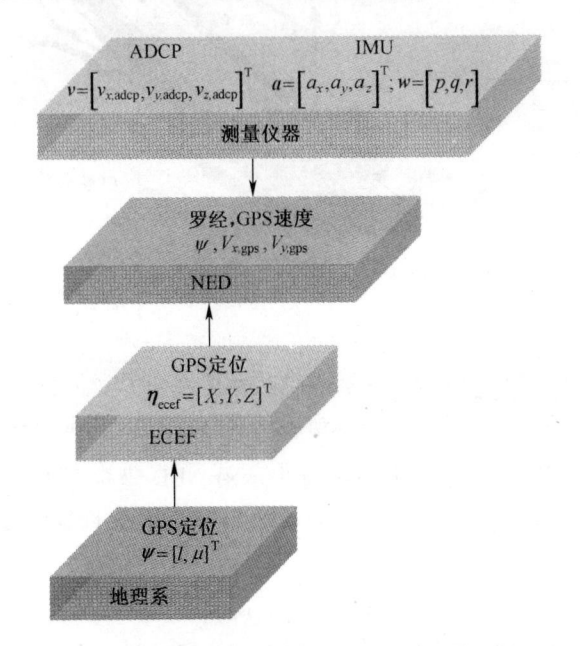

图 21 传感器测量输出参数与坐标系转换示意图

3.2.1 地理坐标系到 ECEF 和 ECEF 到 NED 的坐标系转换

GPS 可以测量船舶沿 ECI 坐标系的地理纬度和地理经度。为了
得到船舶沿当地地理坐标系的定位信息,必须将该测量值投影至 NED
当地地理参考坐标系(图 21)。

首先,将 GPS 测量的地理纬度 μ 和经度 l 投影至 ECEF 坐标系。
其中,GPS 提供基于 WGS-84(World Geodetic System 1984,WGS1984
(世界地理系统 1984)的相对于大地基准点的纬度和经度信息。在已

26

知高度信息 h 的情况下,大地坐标 $\boldsymbol{\psi} = [\,l\,,\mu\,]^{\mathrm{T}}$ 投影至 ECEF 坐标系的位置投影 $\boldsymbol{H}_{\mathrm{ecef}} = [\,X_{\mathrm{ecef}}\,,Y_{\mathrm{ecef}}\,,Z_{\mathrm{ecef}}\,]^{\mathrm{T}}$ 为

$$
\begin{pmatrix} X_{\mathrm{ecef}} \\ Y_{\mathrm{ecef}} \\ Z_{\mathrm{ecef}} \end{pmatrix} = \begin{pmatrix} (N + h) \cdot \cos\mu \cdot \cos l \\ (N + h) \cdot \cos\mu \cdot \sin l \\ [\,N \cdot (1 - e^2) + h\,] \cdot \sin\mu \end{pmatrix} \tag{6}
$$

式中: N 为卯酉面曲率半径(图 22),并且 $N = a / \sqrt{1 - [\,e^2 * \sin^2\mu\,]}$; h 为椭圆体以上高度; $e^2 = 0.006699437999013$ 为偏心距的平方; $a = 6378137\mathrm{m}$ 为地球长半轴(椭球赤道半径)。

图 22 所示为椭球体参数,包括卯酉面曲率半径(N)、椭球赤道半径(a)、椭球极半径(b, $b = 6356752,3142\mathrm{m}$,即地球短半轴)、椭圆体以上高度($h$)、地理纬度($\phi$)、地理经度($\lambda$)示意图。$Q$ 表示地球表面一点,P 表示在 Q 上方 h 处的一点。

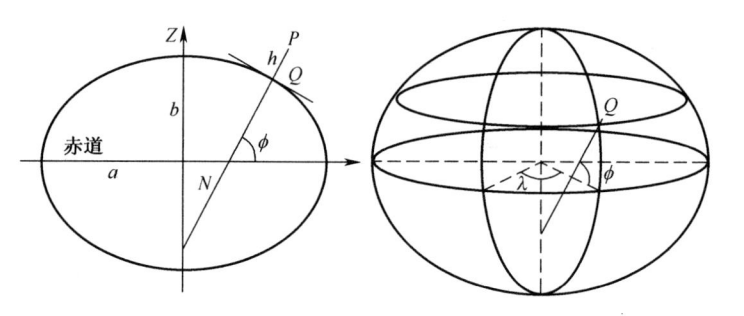

图 22　椭球体参数示意图

当位置向量转换至 ECEF 坐标系时,需要已知从 NED 参考坐标系到 ECEF 坐标系的转换矩阵。

转换矩阵 $\boldsymbol{T}_{\mathrm{ecef}}^{\mathrm{ned}}$ 形式如下(Fossen,1994):

$$
\boldsymbol{T}_{\mathrm{ecef}}^{\mathrm{ned}} = \begin{bmatrix} -\sin\mu\cos l & -\sin\mu\sin l & \cos\mu \\ -\sin l & \cos l & 0 \\ -\cos\mu\cos l & -\cos\mu\sin l & -\sin\mu \end{bmatrix} \tag{7}
$$

其中,位置向量在 NED 坐标系的投影结果为

$$
\boldsymbol{H} = \boldsymbol{T}_{\mathrm{ecef}}^{\mathrm{ned}}\boldsymbol{H}_{\mathrm{ecef}} \tag{8}
$$

27

3.2.2 器件坐标系到载体坐标系的转换

IMU 和 ADCP 的测量输出分别沿各自器件坐标系。由于器件坐标系的坐标轴与船舶坐标系(载体坐标系)的坐标轴不重合,因此,器件量测数据在投影至 NED 坐标系之前需要先旋转并投影至船舶坐标系,即载体坐标系。例如,IMU 中的加速度计测量值投影至载体坐标系的过程如下:

$$
\begin{pmatrix} a_{x,B} \\ a_{y,B} \\ a_{z,B} \end{pmatrix} = \boldsymbol{T}_{\mathrm{IMU}}^{\mathrm{body}} \begin{pmatrix} a_{x,\mathrm{IMU}} \\ a_{y,\mathrm{IMU}} \\ a_{z,\mathrm{IMU}} \end{pmatrix}
\tag{9}
$$

式中:$a_{x,B}$,$a_{y,B}$,$a_{z,B}$ 分别为沿载体系的加速度;$a_{x,\mathrm{IMU}}$、$a_{y,\mathrm{IMU}}$、$a_{z,\mathrm{IMU}}$ 分别为沿 IMU 坐标系(器件坐标系)的加速度;本书中假设 $\boldsymbol{T}_{\mathrm{IMU}}^{\mathrm{body}} \equiv [-1,1,-1]^{\mathrm{T}}$。

3.2.3 载体坐标系到 NED 坐标系的转换

无论是沿器件坐标系还是投影至载体坐标系的器件测量数据都需要再投影至 NED 坐标系(统一坐标系),以便于比较和信号处理。其中,载体坐标系可以由 NED 坐标系依次绕 Z、X、Y 轴旋转得到。该旋转与物理姿态无关,而是严格遵循固定顺序的旋转(Etkin,1972)。载体坐标系与 NED 坐标系之间的转换关系如下:

$$
\boldsymbol{T}_{\mathrm{body}}^{\mathrm{ned}} = \begin{bmatrix} \cos\theta\cos\psi & \cos\psi\sin\theta\sin\phi - \sin\psi\cos\phi & \cos\psi\sin\theta\cos\phi + \sin\psi\sin\phi \\ \cos\theta\sin\psi & \cos\psi\cos\theta + \sin\phi\sin\psi\sin\theta & \sin\psi\sin\theta\cos\phi - \cos\psi\sin\phi \\ -\sin\theta & \cos\theta\sin\phi & \cos\theta\cos\phi \end{bmatrix}
\tag{10}
$$

NED 坐标系到载体坐标系的转换矩阵为

$$
\boldsymbol{T}_{\mathrm{ned}}^{\mathrm{body}} = \begin{bmatrix} \cos\theta\cos\psi & \cos\theta\sin\psi & -\sin\theta \\ \cos\psi\sin\theta\sin\phi - \sin\psi\cos\phi & \cos\psi\cos\theta + \sin\phi\sin\psi\sin\theta & \cos\theta\sin\phi \\ \cos\psi\sin\theta\cos\phi + \sin\psi\sin\phi & \sin\psi\sin\theta\cos\phi - \cos\psi\sin\phi & \cos\theta\cos\phi \end{bmatrix}
\tag{11}
$$

然而,沿载体系的旋转角速度无法直接体现欧拉角速率,取而代之的是通过测量固定坐标轴的角速率得到,并且该角速率不包括向量空间,因此该角速率转换为欧拉角速率时采用如下矩阵:

$$\boldsymbol{\Gamma} = \begin{bmatrix} 1 & \sin\phi\tan\theta & \cos\phi\tan\theta \\ 0 & \cos\phi & -\sin\phi \\ 0 & \sin\phi/\cos\theta & \cos\phi/\cos\theta \end{bmatrix} \tag{12}$$

欧拉角速率通过下式求取:

$$\dot{\boldsymbol{\beta}} = \begin{pmatrix} \dot\phi \\ \dot\theta \\ \dot\psi \end{pmatrix} = \boldsymbol{\Gamma} \begin{pmatrix} p \\ q \\ r \end{pmatrix} = \boldsymbol{\Gamma}\dot{w} \tag{13}$$

其中,上标(·)表示时间微分项 $\mathrm{d}(\cdot)/\mathrm{d}t$。

3.3 数据融合

下面以两类不同传感器(例如定位传感器和测速传感器)的测量值 $x_m(t)$ 和 $\dot{x}_m(t)$ (角标 m 表示所有状态量 $x(t)$ 中的一部分)为例进行讨论。通常情况下,在导航和定位过程中,量测值 $x_m(t)$ 是精确稳定的,但是其更新速率低、分辨率差。而微分量测量值 $\dot{x}_m(t)$ 是高频信号,但测量值中存在的零位偏置,进而导致积分结果中存在累积误差。因此,任何一个独立测量信号都无法单独用于高精度导航。但是,利用它们互补的特性通过信息融合可以得到更好的信号。本书中提出的数据融合技术是指对传感器输出相关量测信息进行互补的过程,通过互补处理过程来消除量测值 $\dot{x}_m(t)$ 积分后的累计漂移误差,提高 $x_m(t)$ 的频率和分辨率。其中,信号 $x_m(t)$ 与积分信号 $\dot{x}_m(t)$ 的和是预处理信号,具体形式如下(Mudge 和 Lueck,1994):

$$x_p(t) = x_m(t) + \frac{1}{\Omega_C}\dot{x}_m(t) \tag{14}$$

其中,缩放比例因子 Ω_C 是符号为正的常值,表示截止频率。Ω_C 的选取与两类传感器的互补特性有关。如果信号频率远小于截止频率($\Omega \ll \Omega_C$),则输出信号主要取决于信号 $x_m(t)$ ，反之，当 $\Omega \gg \Omega_C$ 时，输出信号主要取决信号 $\dot{x}_m(t)$ 。在频域范围内，预处理信号 $x_p(t)$ 形式如下：

$$X_p(\Omega) = \left(1 + \frac{i\Omega}{\Omega_C} \right) X(\Omega) \tag{15}$$

其中， $X(\Omega)$ 表示 $x(t)$ 的傅里叶变换结果。信号 $x(t)$ 的增强形式 $x_e(t)$ 可以通过对 $x_p(t)$ 在单一极点处的卷积得到。低通滤波器的传递函数形式如下：

$$H(\Omega) = \frac{1}{1 + \dfrac{i\Omega}{\Omega_C}} \tag{16}$$

由此得到

$$X_e(\Omega) = X_p(\Omega) H(\Omega) = \left(\left(1 + \frac{i\Omega}{\Omega_C} \right) X(\Omega) \right) \frac{1}{1 + \dfrac{i\Omega}{\Omega_C}} \tag{17}$$

其中， Ω_C 可以通过 $H(\Omega)$ 的半功率截止频率得到。信号 $x(t)$ 的增强信号 $x_e(t)$ 包括传感器测量信号 $x_m(t)$ 中的低频信息和传感器测量信号 $\dot{x}_m(t)$ 中的高频信息。

3.3.1　数据融合概述

在处理和融合任何载体平动量测数据之前，都需要利用欧拉角将该数据旋转投影至 NED 坐标系，但是欧拉角无法直接测量得到。进一步考虑该问题，可以看出，欧拉角隐含在式（12）表示的 $\boldsymbol{\Gamma}$ 矩阵中。若想将角速率转换为欧拉角速率，则需要已知先验信息，再利用式（13）计算 $\dot{\beta}$ 。欧拉角 β 可以通过合并低频欧拉角 θ_L 和 ϕ_L 、水平倾角 ξ 和 ζ 、罗经航向 ψ_L 、IMU 高频输出角速率 $\boldsymbol{w} \equiv [p, q, r]^{\mathrm{T}}$ 得到。然后，欧拉角的估算结果可以将 IMU 测量加速度信息从载体坐标系 $\boldsymbol{a} \equiv [\dot{u}, \dot{v}, \dot{w}]^{\mathrm{T}}$ 投影至 NED 坐标系 $\boldsymbol{A} \equiv [\ddot{X}, \ddot{Y}, \ddot{Z}]^{\mathrm{T}}$ 。其中，投影转换前已经剔除了该加速度信息中包含的重力加速度分量，并且是与 GPS 速度 $[\dot{X}_{LF}, \dot{Y}_{LF}, \dot{Z}_{LF}]$ 相融合的结果。这样，数据融合的最终结果是具有高精度的船舶运动速度 $\equiv [V_X, V_Y, V_Z]$。

3.3.2 欧拉角估算

角速率传感器 IMU 不固连,并且存在低频漂移误差。因此,不能通过对该传感器的量测值进行直接积分来计算长时间的精确角位置信息。取而代之的是将其测量值与倾斜计和罗经的测量值相结合,得到低频输出的横摇、纵摇和方位欧拉角。然而,倾斜计无法直接测量欧拉角,而是测量重力加速度与其敏感轴之间的夹角,欧拉角与测量倾斜角 ξ 和 ζ 之间的关系为

$$\theta_L = \zeta \tag{18}$$

及

$$\phi_L = a\sin\left(\frac{\sin\xi}{\cos\zeta}\right) \tag{19}$$

利用倾斜计测量值计算的欧拉角需要利用加速度计进行校准。该过程主要是利用加速度计沿其敏感轴测量的加速度来完成的,其中 IMU 平移加速度所在频段可以忽略,这样加速度测量值中只包含重力加速度。因此,在具有微小平移运动的低频段范围内,加速度计可以提供欧拉角的独立测量值(图 23)(Lueck 和 Nahon,2000):

$$a_{x,L} = -g\sin\theta_L \tag{20}$$

及

$$a_{y,L} = g\cos\theta_L\sin\phi_L \tag{21}$$

为了比较倾斜计与加速度计的角度测量结果,将 IMU 与倾斜计安装在同一块刚性板面上,并在预定的倾斜范围内做非常缓慢的旋转运动,进而同步采集和记录两传感器的测量输出数据(图 24,见彩图 24)。由于船舶旋转范围小于 20°,因此选择在这一角度范围内进行试验。两传感器的角度测量结果为: ϕ 的测量误差在 ±0.54366° 范围内, θ 的测量误差在 ±0.48737° 范围内。当旋转角度大于 30° 时,倾斜计的测量精度将随着旋转角度的增大而降低。当倾斜角达到最大值 42° 时,倾斜计的倾角估算误差将达到 10°,该误差主要是由倾斜计的非线性响应造成的,但可以采用标校平台校正。当倾斜计稳定时,当地

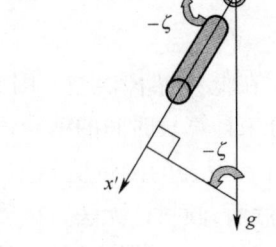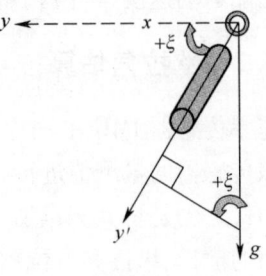

例如：纵摇角＜0 　　　　　　　例如：横摇角＜0

$\sin(-\zeta) = -\sin\zeta = \dfrac{a_x}{g}$ 　　　　$\sin\xi = \dfrac{a_y}{g}$

如果旋转纵摇角＞0 　　　　　　如果旋转横摇角＞0

$\sin\zeta = \dfrac{a_x}{-g}$ 　　　　　$\sin(-\xi) = -\sin\xi = \dfrac{a_y}{-g}$

图 23　与旋转角度有关的角速度测量

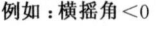

（a）

（b）

图 24　IMU（蓝）和倾斜计（红）估算低频欧拉角 ϕ_L（θ_L）结果比较曲线

（a）ϕ_L；（b）θ_L。

32

的微小振动会引起其内部液体流动,这种传感器内部构造会在倾斜角测量过程中引起约±1.1541°的波动误差。此外,倾斜计只能提供频率低于1Hz的可靠数据,其测量横摇角ξ和纵摇角ζ中的高频信号需要通过截止频率为1Hz的一阶Butterworth低通滤波器滤除。

TCM2型罗经能够直接测量方位欧拉角ψ,但是与倾斜计相似,该罗经的响应时间有限,即当载体方位突然变化时,罗经无法直接测量。因此,TCM2型罗经只能用于输出低频方位信号,将罗经输出的方位信息ψ_{CP}作为通过截止频率为1Hz的一阶Butterworth低通滤波器的输入,则滤波器的输出就是ψ的低频信息ψ_L的估算结果。

利用IMU测量所得的高频($>1/30$Hz)角速度信息$w \equiv [p,q,r]^{T}$来估算角速率$\dot{\boldsymbol{\beta}}_H \equiv [\dot{\phi}_H,\dot{\theta}_H,\dot{\psi}_H]^{T}$,该结果用于数据融合过程中的角度信号积分。将罗经、倾斜计和IMU测量结果融合得到预加强信号$\boldsymbol{\beta}_P \equiv [\phi_H,\theta_H,\psi_H]^{T}$。根据式(14)有

$$\phi_P = \phi_L + \frac{1}{\Omega_C}\dot{\phi}_H \tag{22}$$

$$\theta_P = \theta_L + \frac{1}{\Omega_C}\dot{\theta}_H \tag{23}$$

及

$$\psi_P = \psi_L + \frac{1}{\Omega_C}\dot{\psi}_H \tag{24}$$

将高频估算欧拉角速率结果通过截止频率为F_C的一阶Butterworth低通滤波器能够得到预加强信号$\boldsymbol{\beta}_P$,再利用式(17)能够估算欧拉角$\boldsymbol{\beta}_E \equiv [\phi,\theta,\psi]^{T}$,其中,$\boldsymbol{\beta}_P$包括倾斜计输出的低频信号(ϕ_L、θ_L)、罗经输出的低频信号(ψ_L)和速率陀螺输出的高频信号。之所以选择Butterworth滤波器,是因为它相比于Chebyshev和Elliptic滤波器在通频带内具有更好的线性相位响应性能。这样,利用式(13)就可以由角速度计算得到欧拉角速度。然而,式(12)的$\boldsymbol{\Gamma}$矩阵表达式中包含的高频欧拉角ϕ和θ信息是未知的。因此,这里引入迭代法来精确计算欧拉角速率。在第一次迭代过程中($n=1$),用低频段的欧拉

角 ϕ_L 和 θ_L 可以估算矩阵 $\boldsymbol{\Gamma}$，得到 $\dot{\boldsymbol{\beta}}_{H_n}$ 的初始估算结果 $\dot{\boldsymbol{\beta}}_{H_1} \equiv [\dot{\phi}_{H_1}, \dot{\theta}_{H_1}, \dot{\psi}_{H_1}]^{\mathrm{T}}$（图 25）。再利用 $\boldsymbol{\beta}_E$ 的第一次估算结果将角速率转换为欧拉角速率，为后续第二次估算 $\dot{\boldsymbol{\beta}}_{H_n}$ 做准备，再将估算结果与 $\boldsymbol{\beta}_L$ 相结合，得到 $\boldsymbol{\beta}_E$ 更加精确的量测结果（图 25），如此往复。经三次迭代后的欧拉角计算误差约为（1×10^{-11}）°，并且该误差的大小与迭代次数有关。

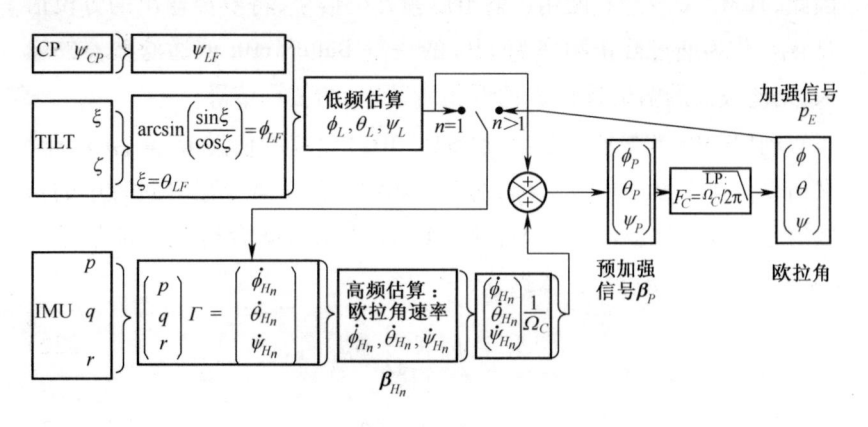

图 25 IMU/TCM2/倾斜计信息融合估算欧拉角 β 结构图

IMU 速率陀螺存在低频漂移误差，因此数据融合选择的频率为 1/30Hz。选择该频率后，低于截止频率的信号（如倾斜计水平与罗经航向）精度更高，欧拉角 ϕ、θ、ψ 稳定性更好；IMU 速率陀螺提供高于截止频率的高精度欧拉角速率测量值 $\dot{\phi}$、$\dot{\theta}$、$\dot{\psi}$。对于倾斜计、罗经和 IMU 速率陀螺测量数据融合计算欧拉角的方法可以采用下述三种运动方式进行验证：

（1）将系统绕各轴沿顺时针方向缓慢旋转，再以不同的角速率逆时针旋转；

（2）将系统沿逆时针方向缓慢旋转，然后再绕 Z 轴顺时针旋转 360°；

（3）将传感器系统绕多轴连续转动。

为了观察在低频段（<5Hz）的欧拉角融合精度，在运动方式（1）的

情况下,将欧拉角计算结果与单独利用加速度测量值计算欧拉角结果进行比较(图 26,见彩图 26)。图 26(a)为运动方式 1 中第一步利用加速度计算欧拉角 ϕ_L(蓝)与信息融合计算欧拉角 ϕ(红)的比较结果,图 26(b)为运动方式 1 中第一步利用加速度计算 θ_L(蓝)与信息融合计算 θ(红)的比较结果,图 26(c)为运动方式 1 中的第二步利用罗经计算 ψ_L(蓝)与信息融合计算 ψ(红)的比较结果。黑色曲线是信息融合计算欧拉角与单独 IMU 计算欧拉角的差值。上述过程中,无论是利用 IMU 计算的欧拉角还是通过信息融合计算的欧拉角都采用了低通滤波器(截止频率为 1Hz)。经计算可知,两者差值的标准差分别为:ϕ 标准差为 $\pm 1.9°$、θ 标准差为 $\pm 1.5°$(主要取决倾斜计测量倾斜角大于 30° 时的测量误差)、ψ 标准差为 $\pm 8°$。

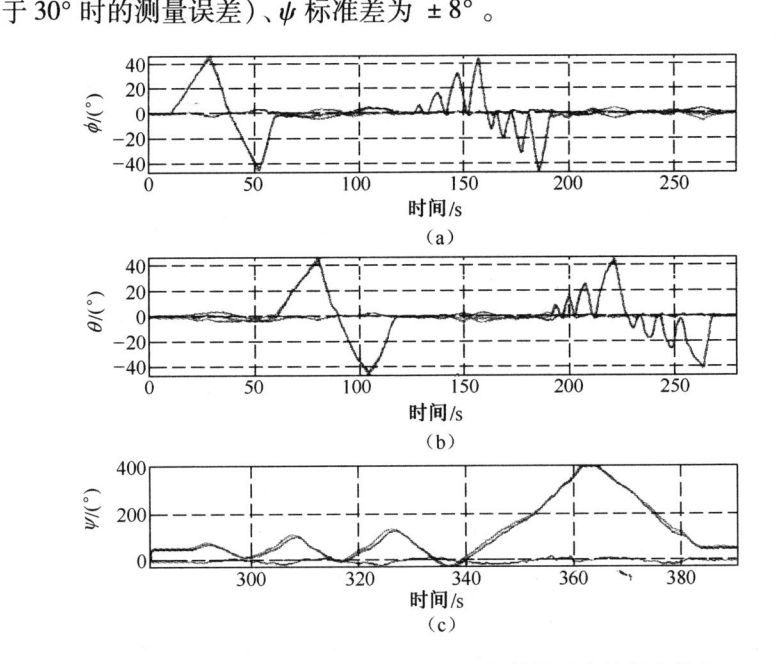

图 26 加速度计计算欧拉角 ϕ_L、θ_L(蓝)与数据融合计算欧拉角 ϕ、θ(红)比较结果,罗经计算 ψ_L(蓝)与信息融合计算 ψ(红)比较结果,黑色曲线为信息融合计算欧拉角与 IMU 计算欧拉角的差值

(a)ϕ_L,ϕ;(b)θ_L,θ;(c)ψ_L,ψ。

无论是在信息融合前还是在融合过程中,原始信号滤波都会引起频率相位失真。因此,可以根据由加速度计测量值计算的欧拉角与信息融合估算归一化的欧拉角结果的相关性来确定潜在的信号延迟,其中,零位延迟的自相关系数约为 1.0。比较用加速度计计算欧拉角与用信息融合法计算欧拉角得到延迟相关性结果为:ϕ_L 与 ϕ 相差 7 个采样延迟(0.0547s)的相关性是 99.23%,θ_L 与 θ 相差 11 个采样延迟的相关性是 99.66%,罗经航向与 ψ 在无延迟情况下的相关性是 99.38%。其中,罗经是数字串行设备,其内部首先将敏感信号处理并转换为 RS-232 格式发送,然后由数据采集计算机接收并进一步处理。由上述任何延迟所导致的滞后都会在 ADCP 的运动校正过程中得到补偿,但是本书认为相关性在 99% 以上的信号都是可接受的。

为了确定 β_E 的高频信号组成(图 25),对欧拉角速率 β_H 积分,将积分结果与数据融合计算欧拉角结果 β_E 进行比较(图 27,见彩图 27)。图 27 是上述测试中运动方式 3 情况下的测试结果,即高频运动测试结果。图 27(a)所示为欧拉角速率 $\dot{\phi}$ 积分结果的高频分量(蓝)与信息融合计算欧拉角 ϕ 的高频分量(红)的比较结果,图 27(b)所示为欧拉角速率 $\dot{\theta}$ 积分结果的高频分量(蓝)与信息融合计算欧拉角 θ 的高频分量(红)的比较结果,图 27(c)所示为欧拉角速率 $\dot{\psi}$ 积分结果的高频分量(蓝)与信息融合计算欧拉角 ψ 的高频分量(红)的比较结果,黑色曲线是两类信号的差值。

与预期结果相同,直接积分 β_H 会引起低频漂移,ϕ 标准差为 $\pm 0.44°$,θ 标准差为 $\pm 0.38°$,ψ 标准差为 $\pm 0.58°$。为了量化欧拉角速率与欧拉角之间的相位相关性,计算了相应的相关系数,在无延迟的情况下 $\dot{\phi}$ 与 ϕ 的相关性为 99.99%,$\dot{\theta}$ 与 θ 的相关性为 99.99%。观察图 27(c)的前 10s,欧拉角速率 $\dot{\psi}$ 积分结果的高频分量没有完全跟踪数据融合计算欧拉角 ψ 的高频分量,这是由于高通滤波器自身导致 $\dot{\psi}$ 与 ψ 之间产生 4 个采样时间的延迟,其相关性为 84.30%。

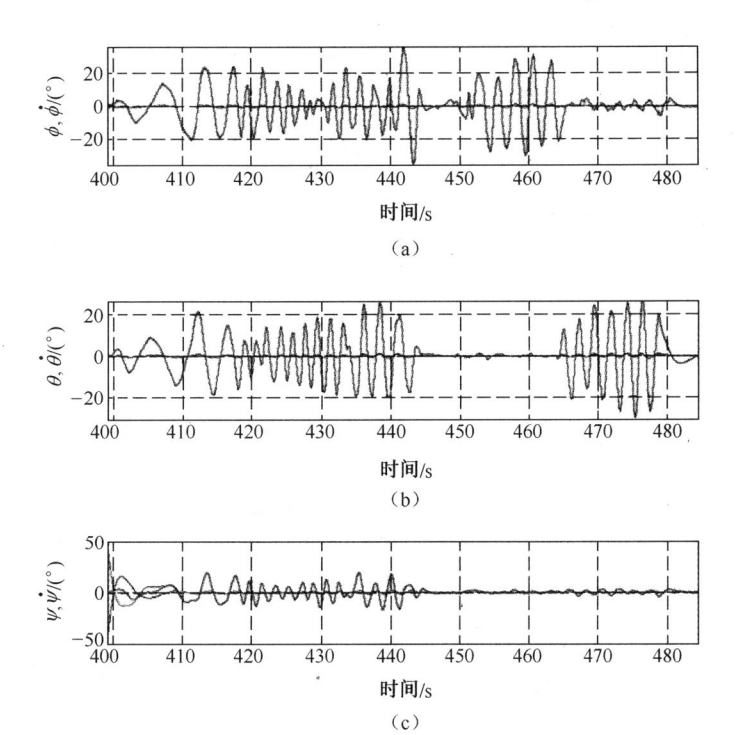

图 27　运动方式 3 情况下,积分欧拉角速率 $\dot{\phi}$、$\dot{\theta}$、$\dot{\psi}$ 的高频分量(蓝)与
信息融合计算欧拉角 ϕ、θ、ψ 的高频分量(红)的比较结果,
黑色曲线为两信号的差值

(a)$\dot{\phi},\phi$;(b)$\dot{\theta},\theta$;(c)$\dot{\psi},\psi$。

　　倾斜计、罗经和 IMU 陀螺测量数据融合结果在不同频段(功率谱
分布)的分布差异可以通过比较低频段的 FFT(β_E)与 FFT(β_L)的结
果、高频段的 FFT(β_E)与 FFT(β_H)的结果来观察分析。低于信息融
合频率 1/30Hz 时,信息融合估算欧拉角与欧拉角低频估算结果一致;
高于信息融合频率时,信息融合估算欧拉角与欧拉角速率估算结果一
致(图 28,见彩图 28)。

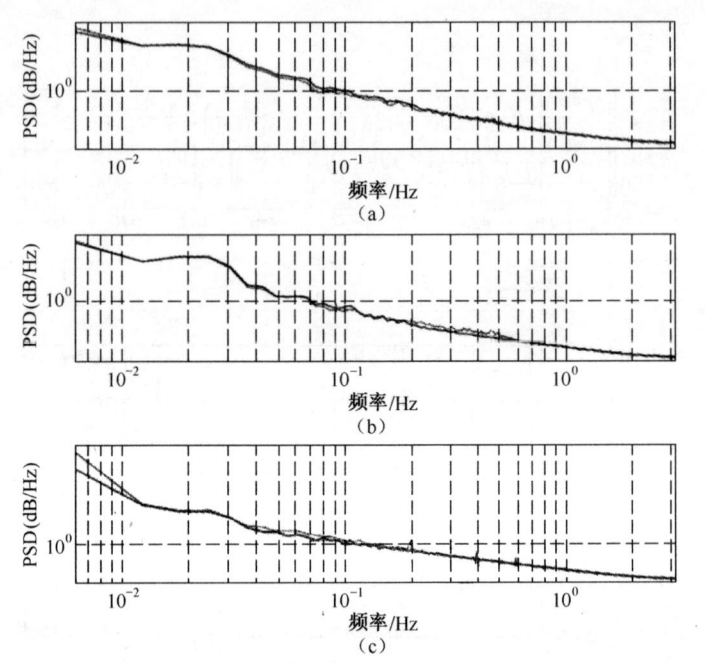

图 28 红色曲线为数据融合欧拉角 ϕ、θ、ψ 的 PSD 值,蓝色曲线为倾斜计
计算得到的欧拉角 ϕ_L、θ_L、ψ_L 的 PSD 值,黑色曲线为积分欧拉角速率 $\dot{\phi}$、
$\dot{\theta}$、$\dot{\psi}$ 的 PSD 值

(a)$\phi,\phi_L,\dot{\phi}$;(b)$\theta,\theta_L,\dot{\theta}$;(c)$\psi,\psi_L,\dot{\psi}$。

3.3.2.1 船舶速度与位置估算

将由 IMU 测量的高频(128Hz)加速度信号 $\boldsymbol{A}^{\text{IMU}}$ 与由 GPS 的速度
与航向输出得到的低频(0.5Hz)速度信号 $\boldsymbol{V}_{\text{LF}}^{\text{GPS}} \equiv [V_{\text{LF}}^{X}, V_{\text{LF}}^{Y}, V_{\text{LF}}^{Z}]^{\text{T}}$ 直
接耦合,可以得到船舶运动速度 $\boldsymbol{V}$(图29)。该计算过程中,需要将测
量加速度信息从器件坐标系旋转投影至 NED 坐标系并剔除重力加速
度分量,即

$$\boldsymbol{A}^{\text{IMU}} = T_{\text{body}}^{\text{ned}} T_{\text{IMU}}^{\text{body}} \boldsymbol{a}^{\text{IMU}} - \boldsymbol{G}$$

其中

$$\boldsymbol{G} = [0 \quad 0 \quad g]^{\text{T}} \tag{25}$$

38

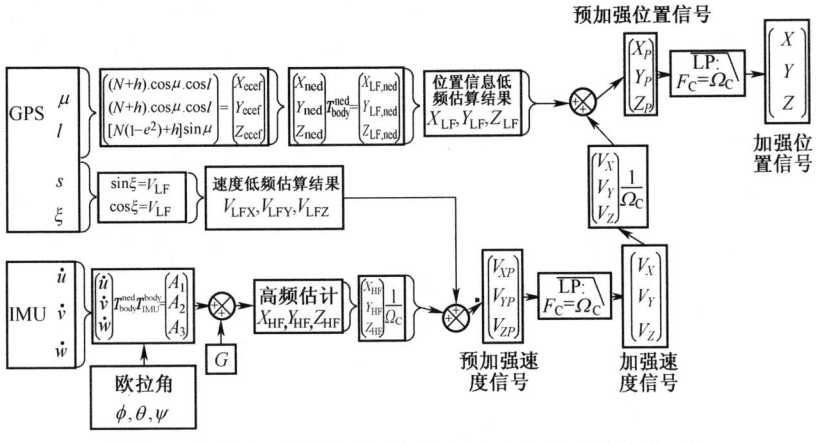

图 29　IMU 与 GPS 数据融合估算船舶速度 V 的结构框图

将 $V_{\text{LF}}^{\text{GPS}}$ 与 $\boldsymbol{A}^{\text{IMU}} \equiv [\ddot{X}_{\text{HF}}, \ddot{Y}_{\text{HF}}, \ddot{Z}_{\text{HF}}]^{\text{T}}$ 进一步计算,利用式(14)可以得到强化速度信号 V_{P} ,即

$$V_{\text{P}}^{X} = V_{\text{LF}}^{X} + \frac{1}{\Omega_C}\ddot{X}_{\text{HF}} \tag{26}$$

$$V_{\text{P}}^{Y} = V_{\text{LF}}^{Y} + \frac{1}{\Omega_C}\ddot{Y}_{\text{HF}} \tag{27}$$

及

$$V_{\text{P}}^{Z} = V_{\text{LF}}^{Z} + \frac{1}{\Omega_C}\ddot{Z}_{\text{HF}} \tag{28}$$

然后,根据式(17),将 $\boldsymbol{V}_{\text{P}}$ 通过截止频率为 Ω_C 的一阶 Butterworth 滤波器,得到全频段的船舶运动速度测量值 V_{E} 。

通过融合强化速度信号 $\boldsymbol{V} \equiv [V_X, V_Y, V_Z]^{\text{T}}$ 和 GPS 测量的经纬度信息,利用式(6)、式(8)可以得到沿 NED 坐标系的位置信息,即

$$H^{\text{GPS}} = \boldsymbol{T}_{\text{ecef}}^{\text{ned}} H_{\text{ecef}}^{\text{GPS}} \tag{29}$$

3.4　ADCP 处理过程

ADCP 包括 4 个换能器,它们成对地安装在"突起"结构上,每一对

与 ADCP 垂直轴夹角相同（20°）（图 30）。ADCP 参考坐标系 $(X_{adcp}, Y_{adcp}, Z_{adcp})$ 的原点位于 ADCP 中心,同时原点也为 4 个换能器轴线交点。其中,坐标轴 x_{adcp}、y_{adcp} 与船舶水平面共面,x_{adcp} 轴从原点指向船右舷,y_{adcp} 轴从船尾指向船艏,z_{adcp} 轴指向上方。

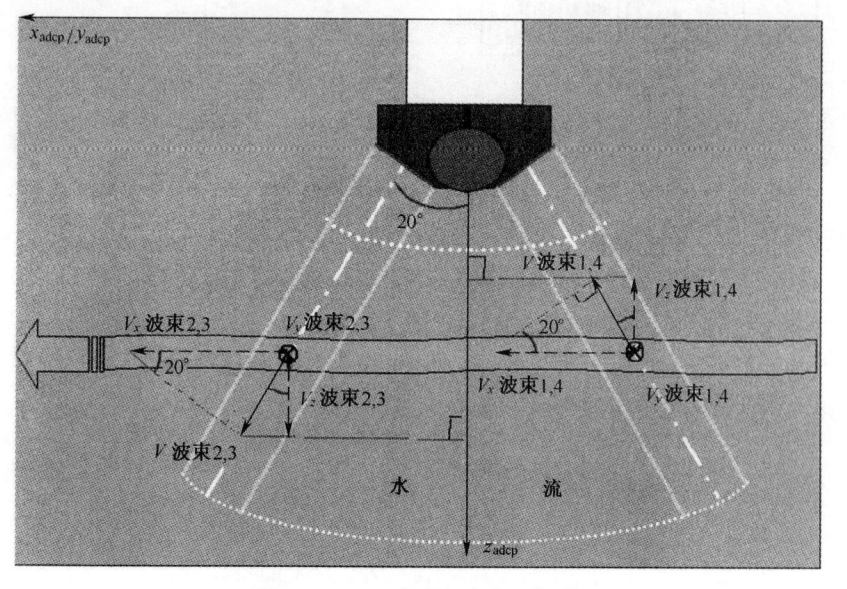

图 30 ADCP 声束与参考坐标系

假设水流速度的水平方向与水平面相同,其垂直变化包括在 ADCP 声束包络线内。那么,水流速度三个垂直正交分量 u、v、w 沿 ADCP 坐标系的投影为

$$u_i = \frac{v_{i,波束1} - v_{i,波束2}}{2\sin 20°} = 1.4619(v_{i,波束1} - v_{i,波束2}) \tag{30}$$

$$v_i = \frac{v_{i,波束4} - v_{i,波束3}}{2\sin 20°} = 1.4619(v_{i,波束4} - v_{i,波束3}) \tag{31}$$

及

$$w_i = \frac{v_{i,波束1} + v_{i,波束2} + v_{i,波束3} + v_{i,波束4}}{4\sin 20°}$$
$$= 0.2666(v_{i,波束1} + v_{i,波束2} + v_{i,波束3} + v_{i,波束4}) \tag{32}$$

40

其中,角标 i 表示测深单元编号,不同的测深单元表示水柱剖面不同深度的位置,这里 i 的取值范围是 $1\sim128$。

利用载体系到惯性系的转换矩阵 $\boldsymbol{L}_{IB}$ 将上述解算速度投影转换后,再减去船舶运动速度测量值,就可以得到第 i 个测深单元处沿地球系投影的水流速度,即

$$V_i = \boldsymbol{L}_{IB} \begin{bmatrix} u_i \\ v_i \\ w_i \end{bmatrix} - \boldsymbol{V}_{\text{ship}} \qquad (33)$$

第4章 运动观测和试验结果

本章主要介绍求取最佳数据融合频率点 Ω_C 的试验,利用该频率点可以确定滤波器的截止频率,以获得全频段的船舶运动速度 V_E 和位置 η_E。本章首先介绍沿 NED 坐标系垂直方向的加速度特性试验,然后研究垂直速度信息融合结果 V_E^z 和位置信息融合结果 Z_E 的不同计算方法;本章介绍的第二个试验是在没有 ADCP 的情况下,陆地试验中对信息采集系统的系统性能观察试验,以验证速度和位置的数据融合频率点的正确性与适用性。

4.1 垂 直 运 动

4.1.1 加速度研究

该试验的主要目的是为了观察沿 NED 坐标系垂直方向的加速度特性,进而采用不同积分方法来确定垂直速度和位置的最佳计算方法。其中,在数据采集系统中,IMU 是唯一提供垂直运动信息的传感器。该试验的试验地点是一家机械工厂,试验中使用的传感器包括 IMU、倾斜计和 TCM2 型罗经,并且这三个传感器安装在同一平面内(图 31)。

3 个传感器的安装平面水平,该平面用绳子拴在长度为 1.03m 的刚性杆的一端。其中,刚性杆的中间与变速箱连接,变速箱安装在旋转发动机上。试验中,刚性杆的端点以不同的速度沿半径为 0.515m 的圆形轨迹运动。本测试中设定了六组垂直运动周期,分别为 5s、10s、15s、20s、25s、35s,每组测试持续时间为 10min(图 32)。此外,该旋转速度手动设定,试验过程中以全自动的方式通过旋转发动机的速度变化器来实现刚性杆的旋转运动。

在观察系统性能前,对原始数据进行滤波处理是至关重要的。该

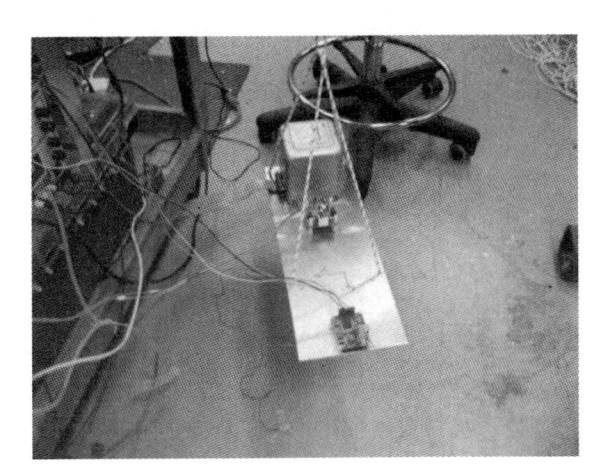

图31 垂直运动测量装置

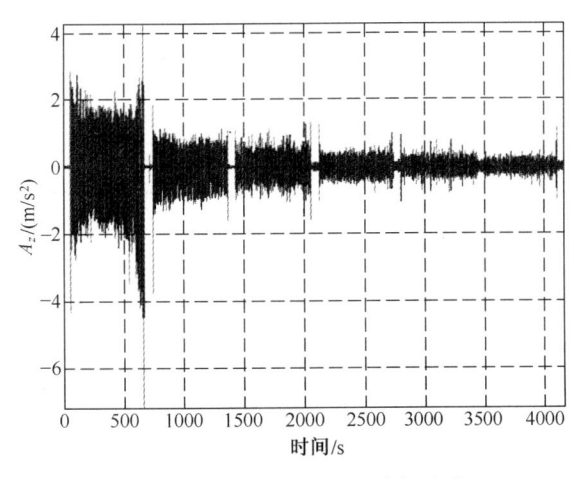

图32 垂直运动试验(原始垂直加速度 A_z)

测试在装有空调和重型机械的噪声环境中进行,测试中部分机械运行会引起与平台运动无关的微小扰动误差信号。此外,尽管该平台利用绳子紧紧固定,但仍然存在低频扰动,这主要是由绳子的伸展引起的。因为这些扰动与海上环境并不相同,因此该环境下采用的滤波主要作用频段为 0.03~0.3Hz。其中,采用截止频率为 0.01~0.4Hz 的二阶 Butterworth 带通滤波器来处理运动和滤波噪声是最恰当的(图33,见

彩图33）。图33左侧一列曲线是运动状态下 A_z 的 PSD 值曲线，从上
到下曲线的周期 1(a)、3(c)、5(e) 的设定值分别为 5s、15s、25s，右侧一

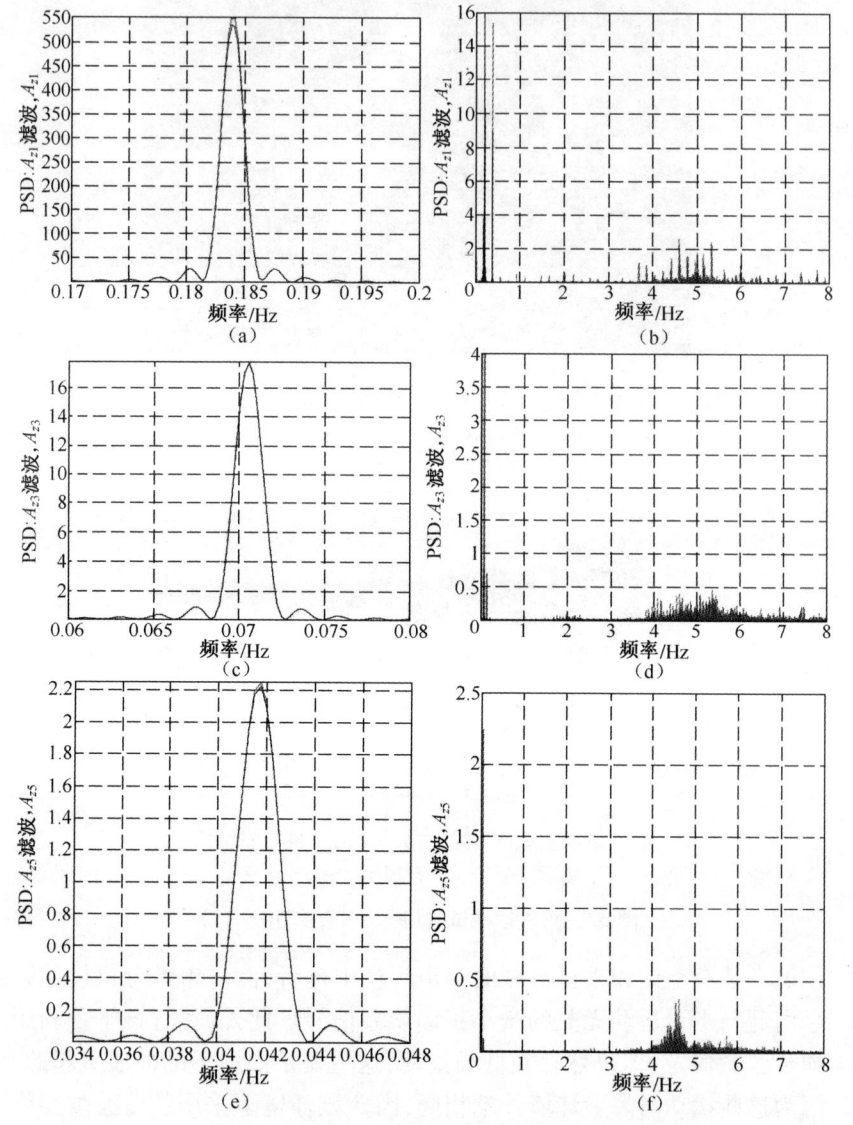

图33　A_z 功率谱示意图（从上到下左侧一列曲线的设定周期分别为

5s、15s 和 25s，右侧曲线为左侧相应信号滤波结果）

44

列曲线分别是对相应左侧曲线的滤波处理结果。其中,未处理信号为红色曲线,蓝色曲线为采用截止频率为 0.01~0.4Hz 的 Butterworth 带通滤波器的处理结果。这里采用的所有滤波器都是典型 Butterworth 滤波器。当然,也可以采用 Elliptic 滤波器。

周期设定值为 5s、15s、25s 的曲线分别如图 34(a)、(b)、(c)所示(见彩图 34)。其中黑色曲线是原始数据,红色曲线是采用截止频率为 0.01~0.4Hz 的二阶 Buttworth 带通滤波器的滤波结果。图 34 说明了长周期设定值情况下滤波处理的必要性,噪声越大、信噪比越低。

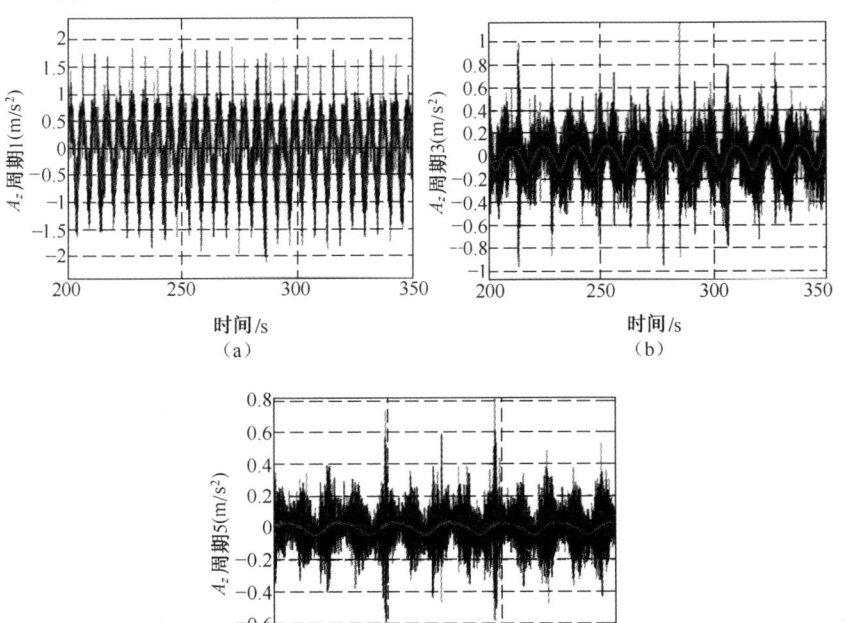

图 34　周期分别为 5s、15s、25s 的加速度测量值(黑)和滤波结果(红)曲线
(a)5s;(b)15s;(c)25s。

载体运动周期被隔离后,载体真实运动频率曲线如图 35 所示(见彩图 35)。

载体运动真实值(S_{Theo})的模拟信号为正弦形式,其中运动周期

为设定值(T_{SET}),运动幅值形式如下:

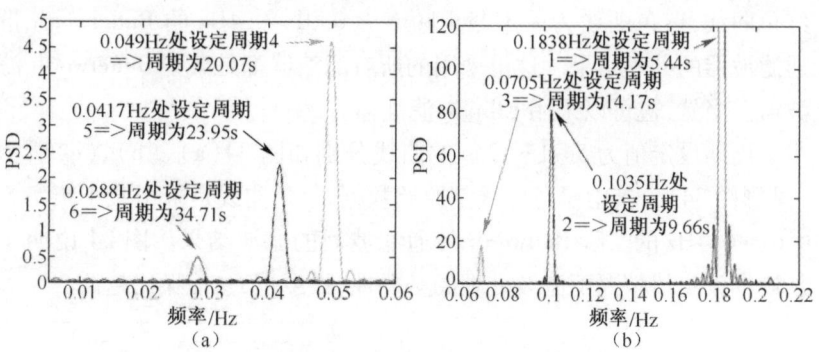

图 35　A_z 的 PSD 值(运动周期 1、2、3 的设定值分别为 5s、10s、15s,

运动周期 4、5、6 的设定值分别为 20s、25s、35s)

(a) 周期 4、5、6;(b) 周期 1、2、3。

$$\overline{S}_{\text{Theo}} = \frac{(2 \times \pi \times 0.515)}{T_{\text{SET}}} \quad (34)$$

将载体真实运动与传感器测量值进行比较,并且认为相关性超过90%为可接受范围。图 36(见彩图 36)所示为设定周期 1(a)、3(b)、5(c)的情况下,真实运动曲线(红)、系统测量加速度曲线(蓝)和两信号差值曲线(黑)。其中,黑色信号的标准差是加速度测量精度的评定标准。

从黑色曲线可以看出,载体运动越缓慢,其引起的加速度测量误差标准差越小,真实信号与测量信号之间的相关性也越大。图中黑色曲线的标准差分别为 9.6 ± 8.5891cm/s² (考虑仪器影响)、1.5239 ± 1.2652cm/s² 和 0.66908 ± 0.44294cm/s²。根据相关性的计算方法计算得到,0.015s 延迟情况下两信号的相关性分别为 98%、97.7%、96%。

4.1.2　速度计算

由于 IMU,特别是加速度计存在低频噪声信号,并且积分过程会放大该噪声信号。因此,需要采用不同方法来降低这类低频噪声的影响。这里提出三种利用加速度数据计算垂直速度的方法。

第一种方法是利用累积加和的方法直接对加速度测量值进行数字

46

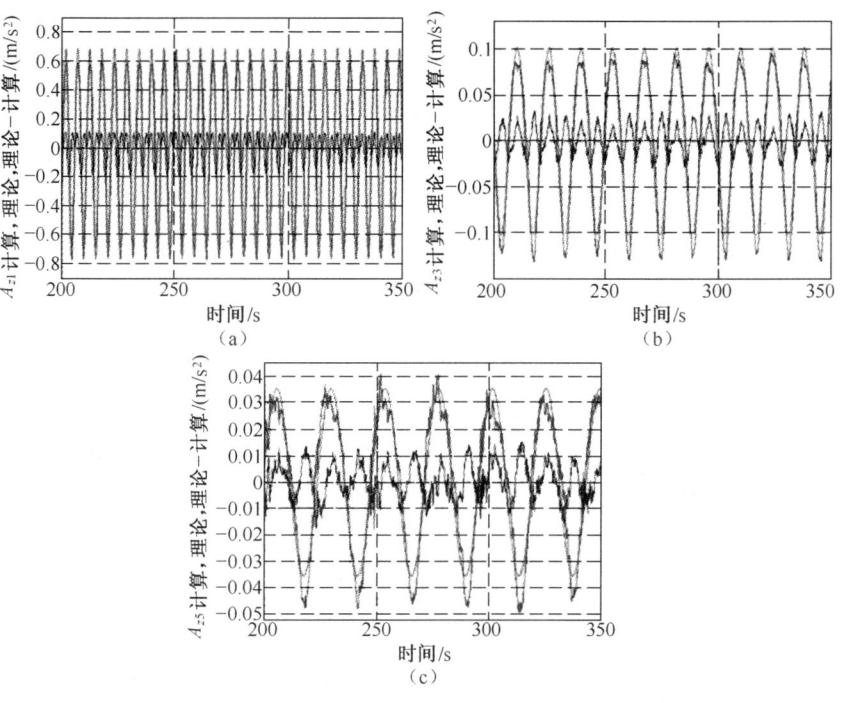

图 36　加速度曲线(运动周期 1、3、5 的设定值分别为 5s、15s、25s 为红色曲线，系统测量加速度为蓝色曲线，两信号的差值为黑色曲线)

(a)周期 1;(b)周期 3;(c)周期 5。

积分,其中加和频率要大于信号采样频率(Matlab 仿真函数为cumsum)。这样,利用 Matlab 仿真函数 detrend 可以直接剔除积分过程中呈线性增长的低频噪声信号。

第二种方法同样利用累积加和的方法直接对加速度测量值进行数字积分,然后再采用高通滤波器得到速度信号。

第三种方法采用信息融合技术。该方法主要是将 IMU 输出的高精度高频信号与低频零输出(零信号)的理想信号相融合,剔除积分过程中的低频噪声误差。

本节的余下几部分主要介绍上述三种方法。每节图示曲线中的红色曲线表示载体真实运动、蓝色曲线表示系统测量值、黑色曲线表示两信号差值。其中,黑色曲线的标准差可以描述解算速度精度。

4.1.2.1 基于加速度积分和误差剔除的垂直速度计算

利用加速度数字积分(Matlab 仿真函数为 *cumsum*)和低频信息剔除函数(Matlab 仿真函数为 *detrend*)可以得到垂直速度计算结果,如图 37(见彩图 37)所示。其中,应用 Matlab 仿真函数 detrend 可以消除某种长期趋势信号。

图 37 中的红色曲线表示由载体真实运动加速度积分得到的运动速度,蓝色曲线为测量信号积分并剔除低频误差得到的垂直速度,黑色曲线为真实值与计算值的差值。黑色曲线的标准差分别为 6.27cm/s、2.3cm/s、1.9cm/s。其中,黑色曲线的标准差越小表示所采用的方法效果越好,因此,选择方法的标准就是期望测量信号与真实信号完全重合。该方法的缺点是,剔除所有低频扰动势必需要引入其他的基于高通滤波器的处理方法。

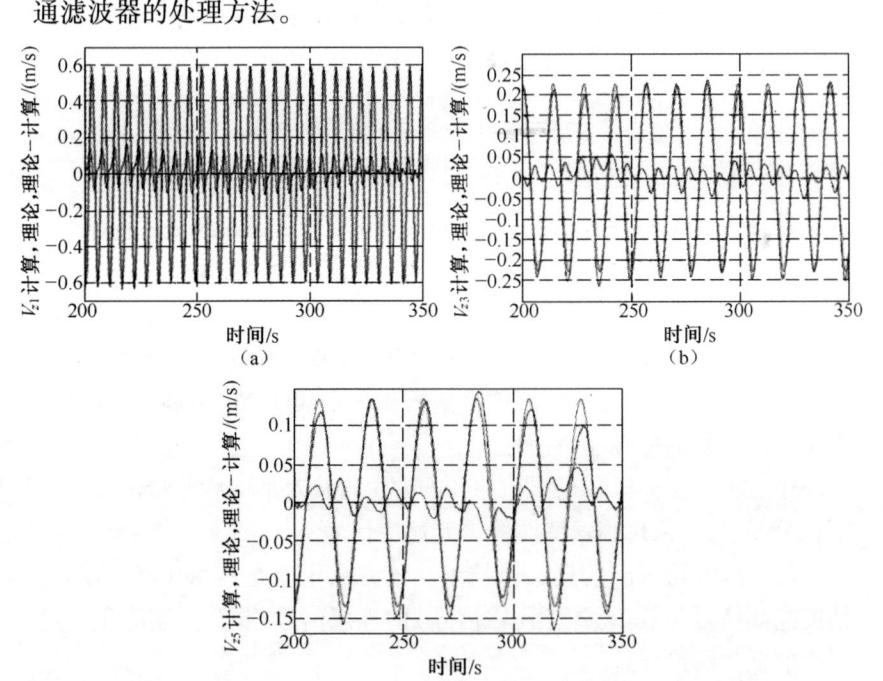

图 37 真实速度 V_z(红)、利用 detrend 函数和积分加速度解算速度(蓝)以及两信号的差值(黑)(设定周期 1、3、5)

(a)周期 1;(b)周期 3;(c)周期 5。

4.1.2.2 基于高通滤波器加速度积分的垂直速度计算

在加速度积分后通过高通滤波器的垂直速度计算结果曲线如图38（见彩图38）所示。其中,红色曲线为真实速度,蓝色曲线为加速度积分后通过高通滤波器解算得到的速度,黑色曲线为真实值和计算值的差值。为了最小化相位延迟影响并剔除积分过程中的低频扰动,这里采用截止频率为 0.021Hz 的四阶 Butterworth 高通滤波器。由于其典型性,本实验选用 Butterworth 滤波器,也可以选用 Elliptic 滤波器。根据试验结果计算可知,黑色曲线的标准差分别为 6cm/s、1.8cm/s、1.3cm/s,该结果要远小于第一种方法解算速度的标准差。该方法的缺点是,剔除低频段的所有扰动信息会导致蓝色曲线的趋势与红色曲线不同。但是,该方法解算结果的标准差要远好于利用 Matlab 仿真函数 detrend 得到的相应结果的标准差。

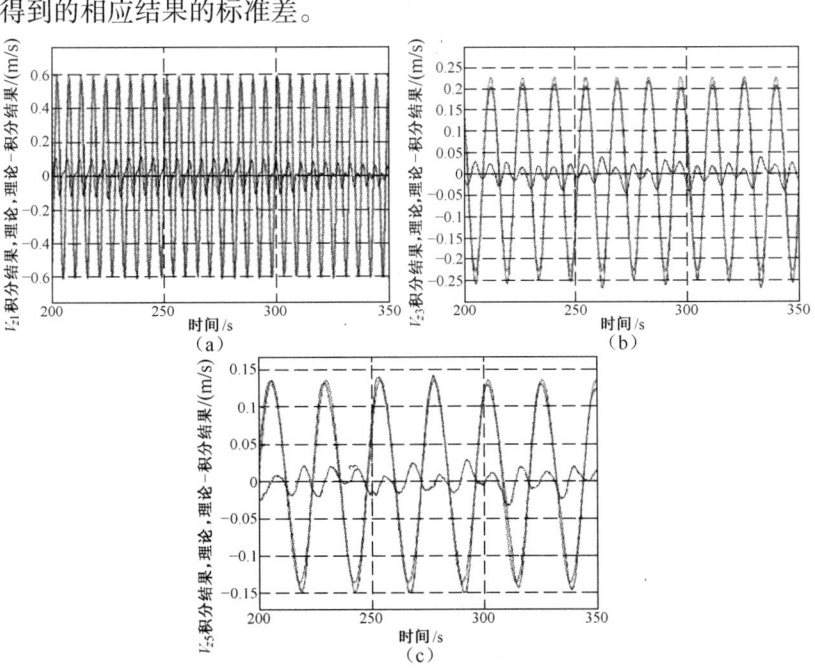

图 38　真实速度 V_z（红）、加速度积分后通过高通滤波器解算速度（蓝）以及两信号的差值（黑）（设定周期 1、3、5）
(a)周期1;(b)周期3;(c)周期5。

4.1.2.3 基于数据融合技术的垂直速度计算

利用数据融合方法得到的结果如图 39(见彩图 39)所示,其中设定 1(a)、3(b)、5(c)的运动周期。图中,红色曲线为真实速度,蓝色曲线为利用数据融合方法得到的速度解算结果,黑色曲线为真实值与计算值之间的差值。这里认为 IMU 输出的高频信号精度较高,利用该输出与低频零输出信号相融合,即将式(28)中的 V_{LF}^z 用 0 代替。黑色曲线为真实值与计算值之间的差值。信息融合频率采用 1/100Hz,且该频率是融合 IMU 信号与其他信号的最佳频点。利用该方法得到黑色曲线的标准差分别为 6.9cm/s、1.9cm/s、1.5cm/s。观察这三种方法得到的标准差,根据"最佳方法具有最小标准差"这一选定原则不难发现,当设定周期 3 和周期 5 时,方法 3 的估算结果优于方法 1,比方法 2 差。

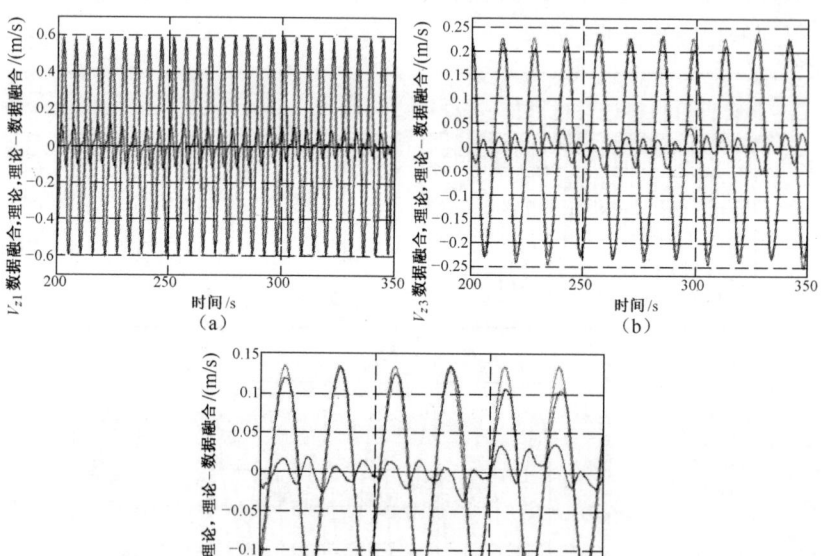

图 39 真实速度 V_z(红)、数据融合解算速度(蓝)以及
两信号的差值(黑)(设定周期 1、3、5)
(a)周期 1;(b)周期 3;(c)周期 5。

但相比于方法 2,仍推荐选用方法 3,这是因为相比于四阶 Butterworth 高通滤波器,该方法延迟相对较小。

4.1.3 垂直位置计算

这里介绍利用解算速度计算定位信息的两种方法。第一种方法是在一段固定时间内对速度积分,再利用高通滤波器得到最终定位。第二种方法是将由 4.1.2 节得到的速度与低频零输出信号(即将式(28)中的 Z_{LF} 用零替代)相融合来计算定位信息。本节的余下部分主要介绍上述两种定位方法。每节图示曲线中的红色曲线表示真实运动信号,蓝色曲线表示系统估算信号,黑色曲线是两信号的差值。其中,黑色曲线的标准差用来评价定位信息的精度。

4.1.3.1 基于高通滤波速度积分的垂直位置计算

利用第一种方法的解算结果如图 40(见彩图 40)所示,其中设定

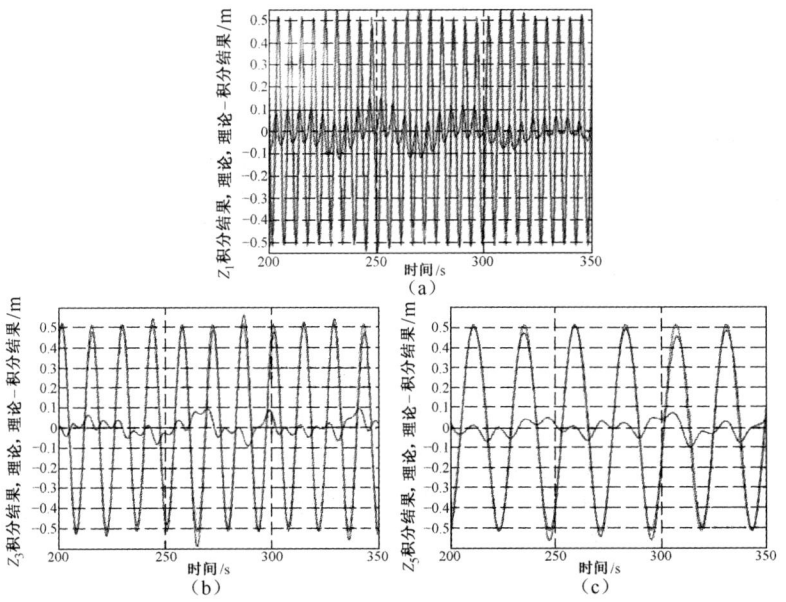

图 40　真实位置 Z(红)、积分速度后采用高通滤波器解算位置(蓝)
以及两信号的差值(黑)(设定周期 1、3、5)
(a)周期 1;(b)周期 3;(c)周期 5。

周期 1(a)、3(b)、5(c)。红色曲线为采用载体运动真实速度积分得到的位置曲线,蓝色曲线为对 4.1.2 节中加速度积分后通过高通滤波器的解算速度的积分结果,黑色曲线为真实值和估算值的差值。为了最小化相位延迟影响以及积分过程产生的低频扩大误差,这里采用截止频率为 0.021Hz 的四阶 Butterworth 高通滤波器,该滤波器在这种条件下适用性最强。同样,这里采用的是典型 Butterworth 滤波器,也可以用 Elliptic 滤波器代替。采用第一种方法黑色曲线的标准差分别为 4.8cm、4.3cm、3.9cm。

4.1.3.2 数据融合技术计算垂直位置

利用第二种方法的解算结果如图 41(见彩图 41)所示,其中设定周期 1(a)、3(b)、5(c)。红色曲线为真实位置,蓝色曲线为利用 4.1.2 节中数据融合技术解算速度得到的位置,其中,速度信息是通过器件输

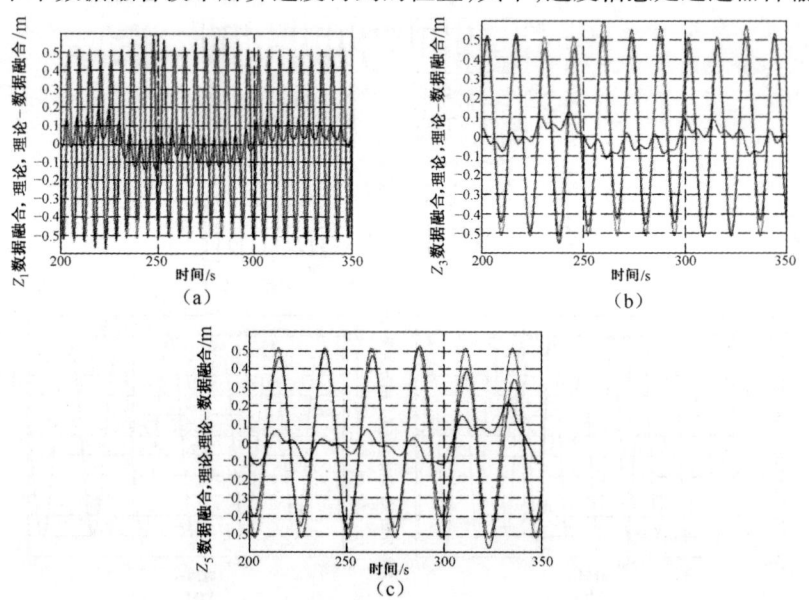

图41 真实位置 Z(红)、数据融合解算位置(蓝)以及两信号的差值(黑)
(设定周期 1、3、5)
(a)周期 1;(b)周期 3;(c)周期 5。

出与低频零输出信号相融合得到的,即将式(28)中的 V_{LF}^Z 用 0 代替,黑色曲线为真实值和估算值的差值。解算速度与低频零输出信号相融合的最佳截止频率为 1/50Hz。经计算可知,图中黑色曲线的标准差分别为 6.7cm、5.6cm、7.6cm。尽管第二种方法解算定位误差的标准差略大,但是在垂直误差估算过程中仍然坚持选用该方法,这是因为这种方法的实时性更好,更适合实际工程应用。

4.2 数据采集系统实验室测试

本节主要介绍了 IMU 和 GPS 信号最佳数据融合方法及相关试验。首先,观察传感器输出信号,然后选择数据融合频率,最后得到两类传感器"取长补短"的信息融合结果。得到完整且精确的位置和速度信息融合过程包括两个步骤:第一步,将 IMU 测量加速度和 GPS 测量速度融合,得到全频段的速度量测结果。选择适当的数据融合频段可以使 GPS 提供低于截止频率(待设定)的精确系统速度测量值,IMU 提供高于截止频率的精确速度估算值。第二步,将第一步信息融合速度解算结果与 GPS 测量位置信息进一步融合计算。与第一步相似,GPS 提供低于截止频率的低频位置信息,融合速度信息提供高于截止频率的位置测量值。

该试验在一个开放停车场进行,以确保 GPS 系统接收信号清晰无障碍。其中,试验步骤包括将 IMU、倾斜计和罗经安装在手推车刚性钢板上(图42),并且信息采集系统(无 ADCP)也安装在钢板上。一旦同步获取并转译传感器的输出信号,就将该信号发送至 PC104 并存储至闪存卡,再利用这些信号获取对这些传感器输出信号数据融合的最佳频点。

在每次测试之前,都需要对手推车进行至少 2min 的初始稳定过程。由于缺少运动自动控制系统,因此,需要人为控制手推车在平面上的四个点之内运动。其中,以这四个点作为正方形的四个端点标绘出一个边长为 7.88m 的正方形,并且正方形的四个角指向四个方位基准点。试验中,选择工业泡沫和轮子较大的手推车,以避免由于地面不平

图 42 安装在手推车刚性钢板上的 IMU、倾斜计和 TCM2 型罗经

坦而引起的轻微扰动。这里选择三种运动路径:方形路径、锯齿形路径和圆形路径。选择不同的路径、速度和周期可以测试系统测量手推车运动的精度。

本节采用的符号意义如下:

P_{gps} 表示 GPS 位置向量,其中坐标轴 X_{gps} 指向南北方向,坐标轴 Y_{gps} 指向东西方向,坐标轴 Z_{gps} 指向垂直方向。同理,V_{xgps} 和 V_{ygps} 分别表示沿东南方向和西北方向的速度分量,V_{zgps} 表示 GPS 测速 V_{gps} 的垂直分量:

$$\boldsymbol{P}_{gps} = [X_{gps}, Y_{gps}, Z_{gps}]^{T} \tag{35}$$

$$\boldsymbol{V}_{gps} = [V_{xgps}, V_{ygps}, V_{zgps}]^{T} \tag{36}$$

同理,IMU 测量加速度向量定义如下:

$$\boldsymbol{A}_{gps} = [A_{x}, A_{y}, A_{z}]^{T} \tag{37}$$

在每一种运动路径下,确定数据融合过程的数据融合频率点分为四个步骤,具体如下:①原始数据处理和数据融合频率的选择;②观察信号功率谱以确定数据融合频率;③观察低通数据融和结果与低通 GPS 测量结果,以确定两信号之间的相关性;④利用高通滤波器剔除所有运动测量误差,并计算数据融合结果的标准差(图 43)。

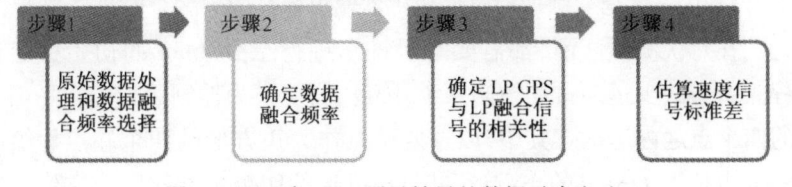

图 43 IMU 与 GPS 测量结果的数据融合方法

(包括估算系统位置和速度的全频段信息)

4.2.1 步骤一:独立测量原始数据处理

在分析过程中,DGPS 的测量值用来计算每个轨迹的运动距离和运动时间。由于每个运动轨迹的起始点都是相同的,所以需要估算时间等信息,例如运动轨迹周期等。将手推车的运动信息与噪声扰动区分开,这对传感器数据频率分析是至关重要的。本节的第一部分主要从时域的角度分析传感器测量值,第二部分则从频域的角度进行分析。

图 44、图 45、图 46 为根据 DGPS 测量结果描绘的三个运动路径。图 44 描述了第一个运动路径,该路径中手推车以 $Y=-2$、$X=-2$ 为起点,沿着西南、东南、东北、西北方向,边长为 7.88m 的方形轨迹运动。

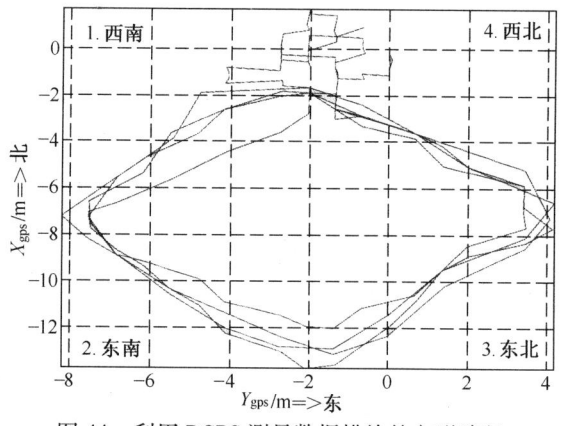

图 44 利用 DGPS 测量数据描绘的方形路径

手推车沿该路径在约 3min 的时间内重复运动四次,其中,前两周运动时间约为 57.8s/次,后两周运动时间约为 34.35s/次。DGPS 测量手推车运动轨迹的定位精度是 3m。又根据 DGPS 的测速数据可知,手推车前两周的速度为 0.55m/s,后两周的速度快于前两周,约为 0.93m/s。手推车的第二种运动路径沿着第一种路径的轨迹,但两端点间走锯齿形轨迹,重复运动四周,每周的运动时间约为 90.22s,总时长约 6min(图 45)。一旦手推车转换方向,DGPS 可以很快地做出反应。根据 DGPS 测速数据可知,路径 2 的手推车运动速度约为 0.39m/s。

最后一种运动路径是围绕周长约为 39m 的圆形轨迹运动,在约

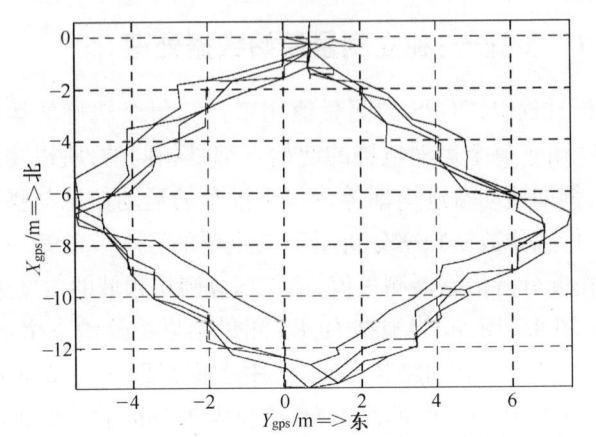

图 45　利用 DGPS 测量数据描绘的端点间锯齿形运动路径

6min 的时间内运动五周。由于 GPS 存在定位误差,导致第四周的运动轨迹近似为椭圆形。前三圈中每一圈的运动时间约为 60.9s,运动轨迹长为 39.3m;第四周椭圆路径的运动距离为 32.83m,运动时间为64s;最后一周在 60.9s 的时间内运动了 36.29m(图 46)。在所有四个圆形运动轨迹中,为了尽量使每次运动路径相同,手推车每次改变运动方向的距离都小于 3m。DGPS 的测量结果不仅反映了手推车的运动轨迹,还包括了 3m 的定位误差。

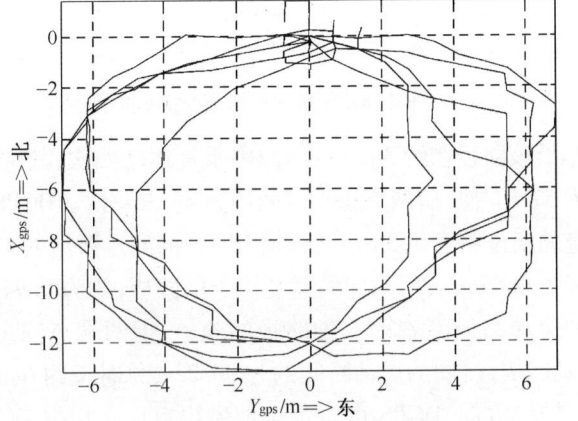

图 46　利用 DGPS 测量数据描绘的圆形路径

数据采集系统能够根据倾斜计的测量结果反映地面的不平坦度

（图 47）。尽管采集系统测量手推车的纵摇角和横摇角会影响 IMU 加速度的测量结果，但该水平角信息也可以用于 IMU 加速度测量数据的处理过程。下面以第一个运动轨迹中由于水平倾斜角的存在而引起 IMU 的加速度测量误差为例，来说明上述影响问题。倾斜计测量手推车沿方形轨迹运动时的横摇角和纵摇角均值分别为 $-0.4°$ 和 $-1.275°$，标准差分别为 $\pm1.44°$、$\pm0.93°$。最大值为 $1.84°$ 的横摇角引起加速度沿东向的分量为 -0.315m/s^2，最大值为 $2.2°$ 的横摇角引起加速度沿北向的分量为 0.376m/s^2。在三个运动轨迹中，倾斜计测量横摇角和纵摇角的结果如图 47 所示和表 6 所列，其中，表 6 描述了这些水平倾斜角的均值和方差，以及引起 IMU 测量加速度沿东向和北向分量的最大值。

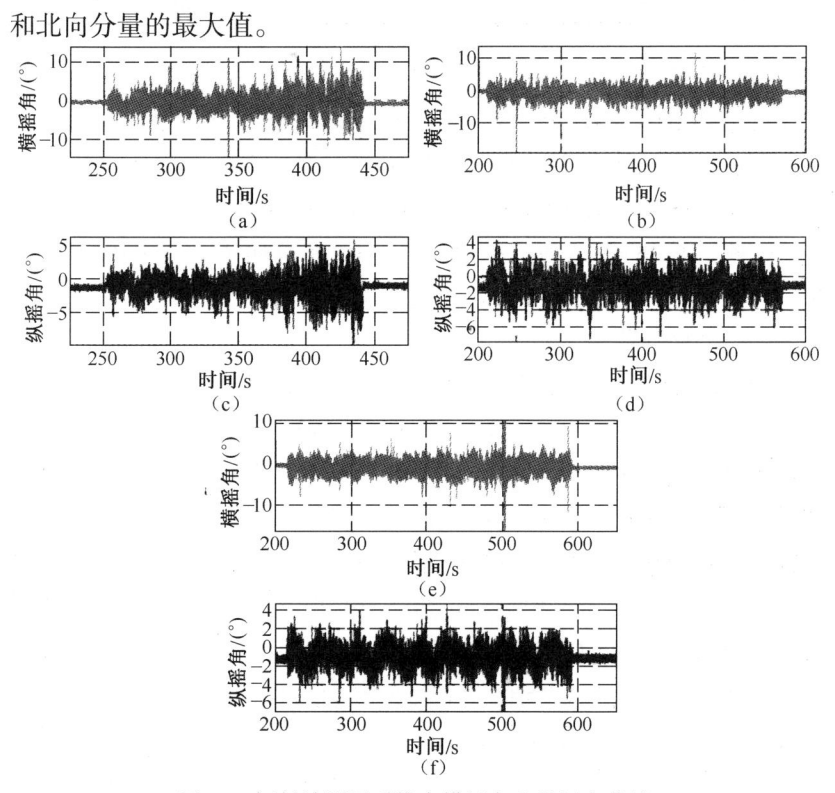

图 47 倾斜计测量手推车横摇角和纵摇角曲线

（a）、（b）路径一；（c）、（d）路径二；（e）、（f）路径三。

表6 三种陆地运动路径下,数据采集系统倾斜计测量手推车横
摇角和纵摇角的均值和方差统计结果,以及
该水平倾角对 IMU 测量结果的影响

		轨　　迹		
		方形	锯齿形	圆形
横摇角	均值/(°)	−0.4	−0.631	−0.6321
	方差/(°)	±1.44	±1.253	±1.096
	对 A_y 影响/(m/s^2)	−0.315	−0.3225	1.7281
纵摇角	均值/(°)	−1.275	−1.156	−1.165
	方差/(°)	±0.93	±0.946	±0.8169
	对 A_y 影响/(m/s^2)	0.376	0.356	0.3392

经分析研究可知,手推车横摇角的平均范围是 0.55° ± 1.26°,纵摇角的平均范围是 1.19° ± 0.89°。传感器测量原始数据处理的第二个过程就是在频域范围内观察测量结果。为了在频域内研究测量结果,采用功率谱密度(Power Spectral Density, PSD)对其进行分析。图48(见彩图48)所示为三种路径下 IMU 测量加速度的 PSD 解算结果。其中,符号"PSD A_x/A_y"表示该图用两种不同颜色曲线分别描述 A_x 和 A_y 的 PSD 值。

图48 所示为频率高于2Hz 的器件输出数据的功率谱密度曲线,其中,符号 PSD A_x/A_y 分别表示 A_x 和 A_y 的 PSD 值。所选择的比例能够描述出频率高于2Hz 的噪声,其中,大部分噪声都是由于手推车扰动和系统旁边安装的电池引起的。这种高频信号的组成主要包括 IMU 高频测量值、IMU 安装在手推车上后所敏感的扰动噪声、安装在数据采集系统旁边的电池影响这三部分。IMU 加速度测量值中所包含的高频噪声信息是与 GPS 进行数据融合时必不可少的,并且噪声信号会始终存在于该信号与 GPS 信号的数据融合过程中。虽然该数据在数据融合之前没有经过低通滤波器的处理过程,但高频噪声会在数据融合的最后一步——低通滤波过程——中有所减弱。为了了解 IMU 测量加速度的信噪比,采用了截止频率为 2Hz 的一阶 Buttorworth 低通滤

58

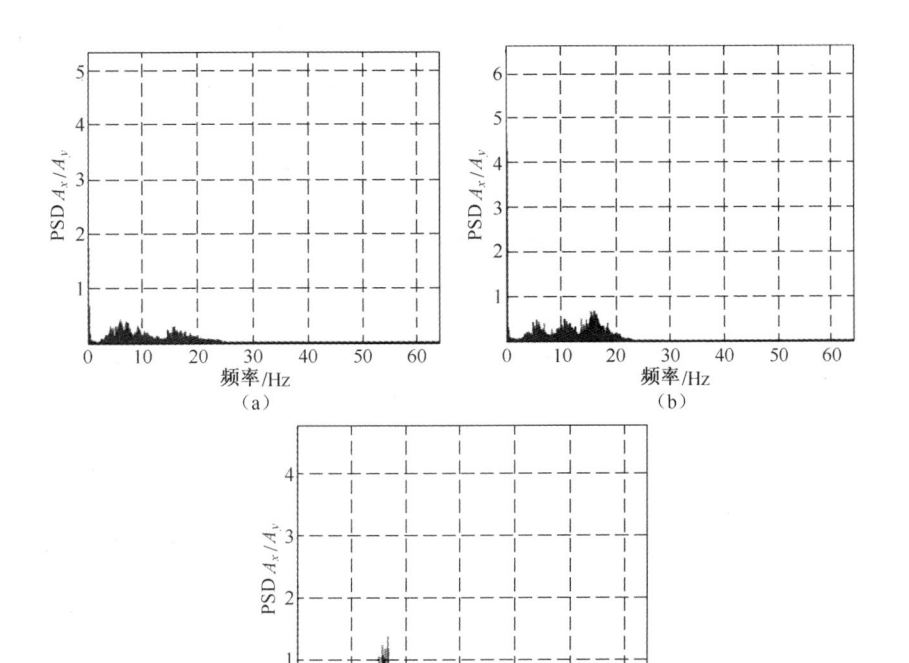

图48 沿方形轨迹、端点间锯齿运动的方形轨迹和圆形轨迹 IMU 测量
加速度沿北向(蓝)、东向(红)分量的 PSD 结果

(a)方形轨迹;(b)端点间锯齿运动的方形轨迹;(c)圆形轨迹。

波器,以剔除上述 2Hz 噪声,滤波结果如图49(见彩图49)所示。其中,曲线(a)、(d)、(g)((b)、(e)、(h);(c)、(f)、(i))分别为加速度北向(东向;地向)分量(蓝)和低通滤波对 2Hz 噪声的低通滤波结果曲线(红)。由图中曲线和计算结果可知,信噪比在 1~2 之间。这里采用的所有滤波器都是典型 Butterworth 滤波器,当然,也可以采用 Elliptic 滤波器。这里引入低通滤波器的目的是为了观察信号频率扰动,而在数据融合过程没有该滤波过程。

最后,通过在频域范围内研究 DGPS 位置、速度和 IMU 加速度信息来确定传感器的互补频率范围。确定传感器量测结果互补频率范围的第一步是观察与手推车运动相关的频率信息,其中,所有相关频率信

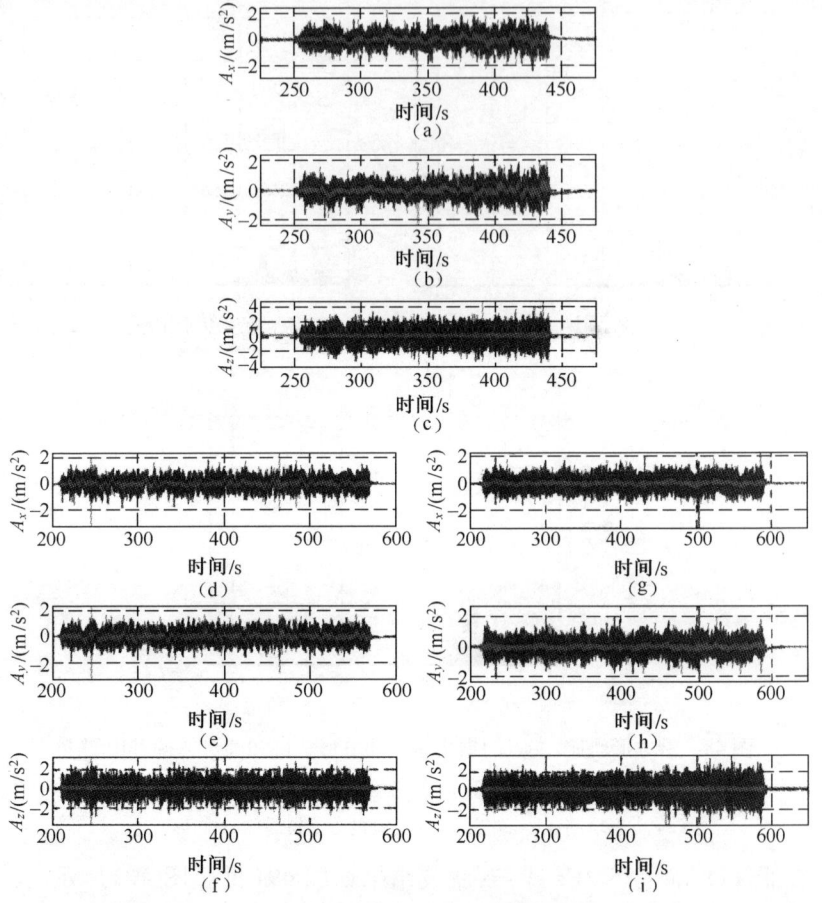

图 49　沿三种轨迹运动的测试中,频率高于 2Hz 的信号
对数据采集系统 IMU 测量加速度的影响

息在信号功率谱中都有所描述。图 50(见彩图 50)所示为第一种运动
路径(方形路径)下 DGPS 位置信号(图 50(a))、DGPS 速度信号(图 50
(b))、IMU 加速度信号(图 50(c))的功率谱密度曲线。其中,手推车
运动前两周的运动频率约为 0.015Hz,后两周的运动频率约为
0.02Hz。一旦确定了与载体运动等价的频率,以 0.02Hz 为例,DGPS 和
IMU 测量结果中主要有效信号的可视化结果就是用来选择数据融合频
率点的主要依据。

60

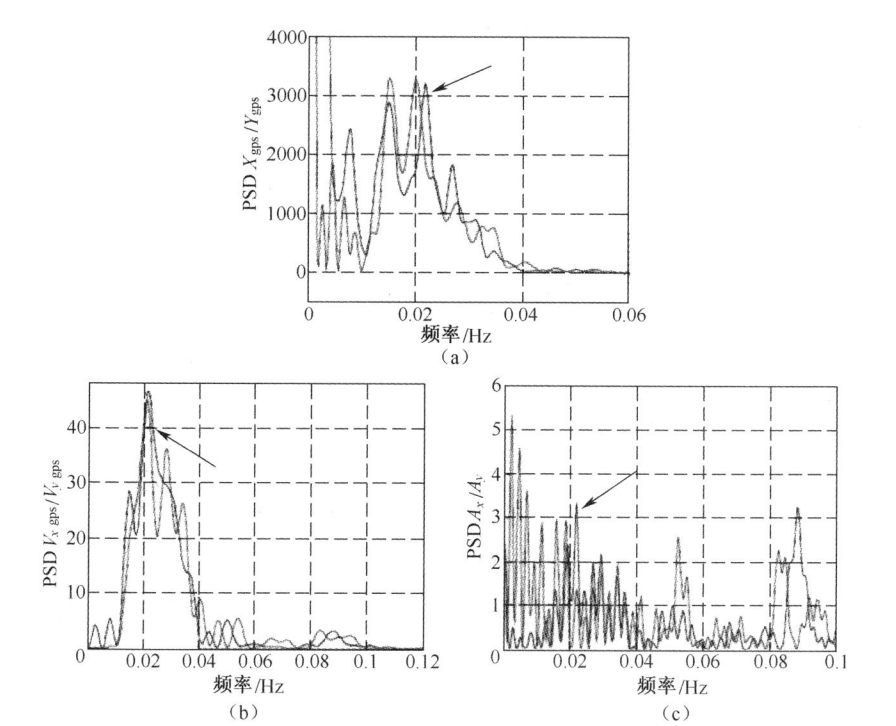

图 50　方形路径下 DGPS 位置信号、DGPS 速度信号、IMU 加速度信号的 PSD 曲线
（蓝色曲线为量测值的北向分量，红色曲线为量测值的东向分量）

（a）DGPS 位置信号；（b）DGPS 速度信号；（c）IMU 加速度信号。

从图 50 中可以看出，DGPS 测量结果的主要信息所在频段都围绕在手推车运动频率附近，而在其他频段基本上没有测量值（图 50（a）、图 50（b））。另一方面，从图 50（c）可以看出，IMU 敏感的手推车低频运动信息被其他扰动信息所淹没，并且敏感信息所在频率范围要大于DGPS。由观察结果不难看出，需要结合 DGPS 提供的精确测量结果和滤波器来剔除 IMU 测量结果中的干扰信号，以避免信息融合过程中该低频信号的干扰误差。为了达到这一目标，这里采用了截止频率为0.1Hz（Nyquist 频率）的三阶 Butterworth 高通滤波器，以完成数据融合前对 IMU 加速度测量数据的预处理。由于其典型性，本试验选用 Butterworth 滤波器，也可以选用 Elliptic 滤波器。对手推车运动等价频率的分析结果可用于所有运动轨迹,表 7 是对该分析的统计结果。

表 7　三种运动轨迹下手推车运动等价频率统计结果

手推车运动 等价频率/Hz		方形轨迹		锯齿轨迹	圆形轨迹
		前两周	后两周		
DGPS 位置	北向分量	0.1489	0.02173	0.01074	0.01318
	东向分量	0.015	0.02	0.01074	0.01318
DGPS 速度	北向分量	0.01489	0.021	0.01074	0.01245
	东向分量	0.01489	0.021	0.01123	0.0127
IMU 加速度	北向分量	0.015	0.021	0.01074	0.012
	东向分量	0.015	0.021	0.01074	0.012

对另外两个运动轨迹的分析结果与图 50 的分析结果类似,即 DGPS 测量信息的主要频率范围围绕在手推车运动对应频率周围。从该分析结果可以看出,传感器"优势互补"的重叠信号在 0.05Hz 左右,即数据融合频率点为 0.05Hz。

4.2.2　步骤二:确定数据融合方式

如前文所述,IMU 加速度测量值在数据融合过程前需要进行高通滤波预处理,并且数据融合频率点选定为 0.05Hz。图 51 所示为数据融合处理过程第一步的结构框图。

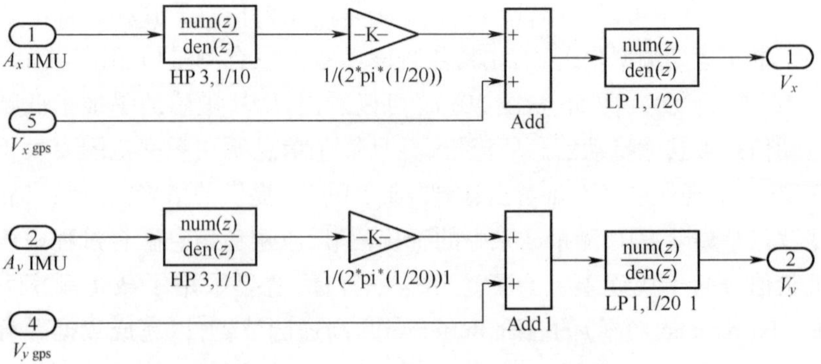

图 51　IMU 测量加速度与 DGPS 测速数据融合估算速度增强信号结构图

根据图 51 所描绘的信号走向结构图,可以得到信息融合最佳频点。图 52(见彩图 52)所示为方形运动路径下,DGPS 测速北向分量和 IMU 测量加速度北向分量的分析结果。同样的方法可用于分析其他运动路径的测量信号。

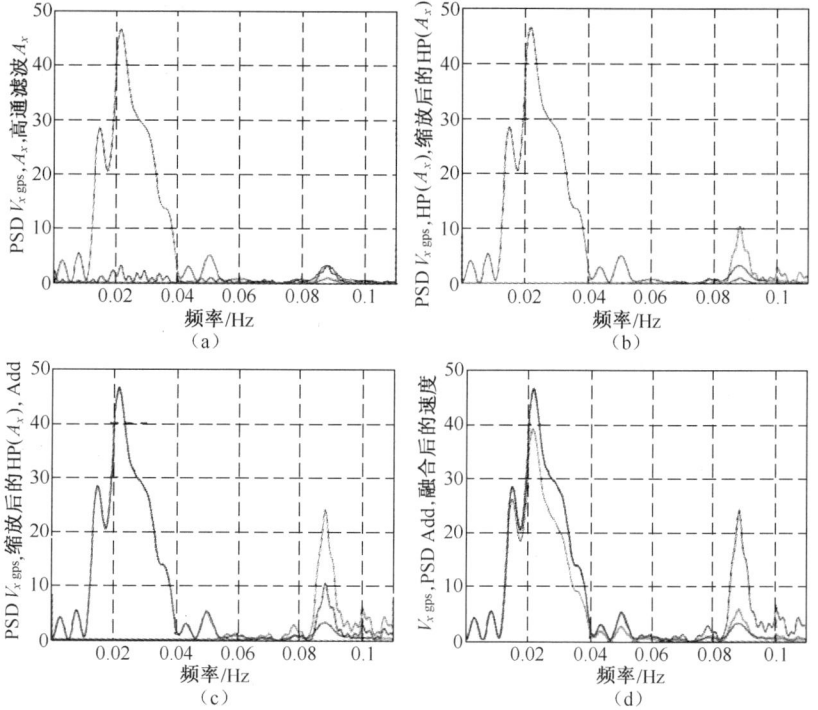

图 52　DGPS 北向速度分量和 IMU 北向加速度分量的数据融合其中几步的 PSD 结果

图 52 所示为 DGPS 北向速度分量和 IMU 北向加速度分量数据融合过程中几处输出信号的 PSD 结果曲线。其中,图 52(a)比较了 DGPS 的北向速度分量(蓝),IMU 的北向加速度分量(黑)及对该信号(黑)进行高通滤波之后的曲线(红);图 52(b)所示为 DGPS 的北向速度分量(蓝),经过高斯滤波之后的 IMU 的加速度分量(黑)和对该信号(黑)利用数据融合频率进行缩放后的曲线(红);图 52(c)所示为 DGPS 的北向速度分量(蓝),经过缩放和高通滤波后的 IMU 加速度(黑),这两个信号之和用红色表示;DGPS 北向速度分量与 IMU 北向

加速度分量经过高通滤波器并乘以比例因子后的两信号之和作为强化信号。图 52(d)所示为融合后的北向速度分量(红)与 DGPS 的北向速度分量(蓝)和两信号之和(黑)之间的比较。

研究结果表明,对原始加速度测量数据采用高通滤波器可以缩小 DGPS 测速功率谱中主要有效信息所在的频率范围(图 52(a)),使数据融合前的信号遵循 DGPS 测速的功率谱分布。图 52(b)证明了缩放加速度信号的优势,在 DGPS 信号被噪声淹没的高频处,可以显著提高信号的有效功率谱含量。从图 52(c)可以看出,预强化信号频率低于数据融合频率(0.05Hz),其中数据融合频率由占主导地位的 DGPS 测速信号确定,而 IMU 加速度测量数据的相应频率高于 0.05Hz。最后,速度融合结果通过采用截止频率为数据融合频率点(0.05Hz)的一阶 Butterworth 低通滤波器进行反卷积得到。这里采用的所有滤波器都是典型 Butterworth 滤波器,也可以采用 Elliptic 滤波器。

在时间域中除了融合后的速度信号,并且对与 IMU 加速度信号直接积分所得的速度进行了比较(图 53,见彩图 53),比较结果展示了数据融合的重要性。

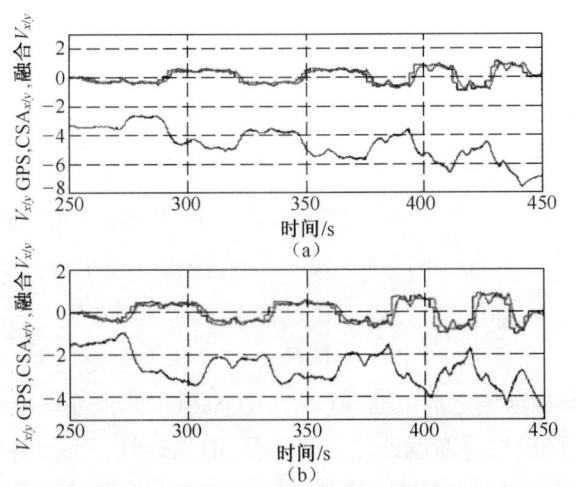

图 53 融合后的速度时域信号(红)与直接积分 IMU 加速度信号(黑)
的比较曲线,蓝色曲线为 DGPS 测速
(a)速度北向分量;(b)速度运动分量。

至此,数据采集系统的速度融合估算已经全部完成,接下来要做的工作就是将速度融合结果与 DGPS 位置测量结果进行数据融合,以得到全频段的位置估计结果。该数据融合的主要过程与前面的方法类似,并且数据融合频率点也选择 0.05Hz。图 54 所示为第二个数据融合过程的结构框图,即速度与 DGPS 位置测量结果数据融合结构框图。

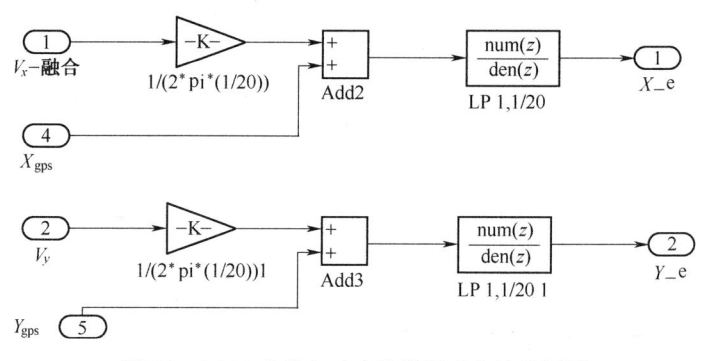

图 54　DGPS 定位与速度的数据融合结构框图
(速度为 IMU 加速度测量数据和 DGPS 测速数据融合结果)

根据前文描述的数据融合第一步可以得到,速度强化(融合)信号在低于数据融合频率点的信息中有效信息功率含量较高,其中数据融合频率点由 DGPS 测速数据确定。因此,DGPS 定位信号与强化速度信号之间具有匹配频率(低于数据融合频率点),并且 DGPS 测速信号在与 DGPS 定位信号融合之前不需要预处理过程。

下一步主要是为了确定 DGPS 位置测量信号与数据融合定位信号之间的相关性,以及 DGPS 测速信号与低于数据融合频率点的数据融合速度信号之间的相关性。

4.2.3　步骤三:用于 DGPS 测量数据与已融合数据的数据融合低通滤波器以及基于互相关方法的相关性结论

为了确定 DGPS 位置(或速度)与融合速度估计结果(或 IMU 加速度)的相关性,将截止频率为数据融合频率点(0.05Hz)的一阶 Butterworth 低通滤波器分别应用于这两个信号,滤波后的两信号具有相关

65

性。这里采用的所有滤波器都是典型 Butterworth 滤波器,也可以采用 Elliptic 滤波器。对于方形运动轨迹,DGPS 速度信号与融合速度估算结果北向分量的相关性为 99.02%(图 55(a)),东向分量的相关性为 99.01%(图 55(b))。DGPS 位置信号与融合位置估算结果北向分量的相关性为 99.58%(图 55(c)),东向分量的相关性为 99.59%(图 55(d))。

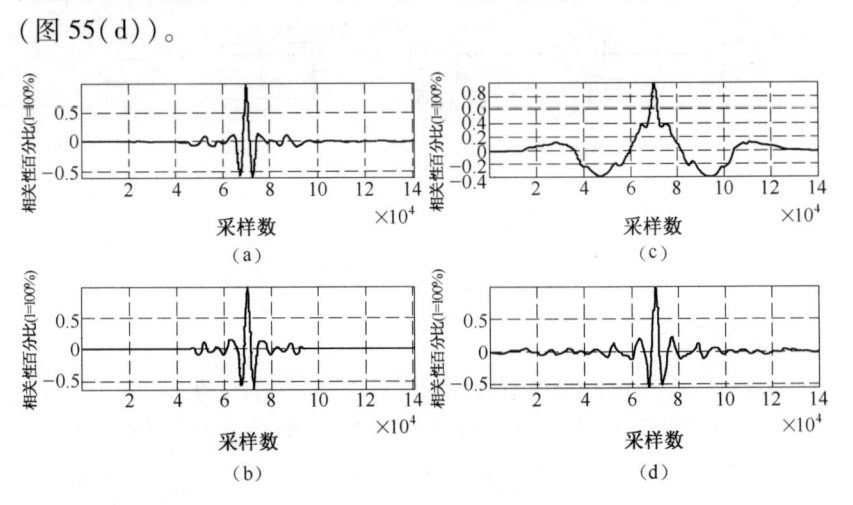

图 55　DGPS 测速北向(或东向)分量与融合速度估算结果北向(或东向)
分量的相关性,DGPS 定位北向(或东向)分量与融合位置估算结果北向
(或东向)分量的相关性
(a)DGPS 测速北向分量;(b)GPS 测速东向分量;
(c)DGPS 定位北向分量;(d)DGPS 定位东向分量。

由于数据采集系统的融合速度最终要用来校正 ADCP 数据,因此计算该信号的标准差是十分重要的。

4.2.4　步骤四:信号混合高通滤波器以及信号标准差计算

融合速度误差的标准差可以通过求取手推车运动真实速度与融合速度估算结果的差值得到。但是,因为无法绝对准确地控制手推车,因此其真实运动速度也无法获得。取而代之的是采用高通滤波器来处理融合速度信号,去除载体的运动信息,得到噪声信号的估算值,计算滤波后信号的标准差。利用该估算方法得到三种运动轨迹下融合速度估算结果的标准差如表8所列。

表8 三种运动轨迹下信息采集系统融合速度信号的标准差结果统计

融合速度结果标准差/(cm/s)	方形轨迹,速度0.55m/s	方形轨迹,速度0.0.93m/s	端点间锯齿运动的方形轨迹,速度0.39m/s	圆形轨迹,速度0.47m/s
北向投影	0.77	1.16	0.65	0.66
动向投影	0.78	1.19	0.7	0.74

根据表8可知,强化速度信号的标准差平均为0.83cm/s,增强的速度信号将用于下一章中海上执行任务时对 ADCP 数据进行校正。

第5章　数据采集系统海上试验

本章主要介绍数据采集系统的海上试验,观察海上航行条件下数据采集系统的性能以及 ADCP 的数据采集与校正。

海上试验中,在试验船上安装了数据采集系统和 TRDI ADCP,其中,R/V Oceaneer IV 用于选择船舶在海上的具体运动路径,以保证船舶运动过程中 ADCP 可以连续采集数据并用于后续导航结果处理。该海上试验中,船舶沿佛罗里达东南海岸线航行,该海岸线区域内以南北方向的洋流为主,水流速度可达到 1m/s(图 56),佛罗里达洋流主要来自 Loop 洋流和 Antilles 洋流。其中,Loop 洋流占主要作用,该洋流可以认为是湾流系统上游的延伸扩展(美国国家海洋和大气管理局,National Oceanic and Atmospheric Administration,NOAA)。

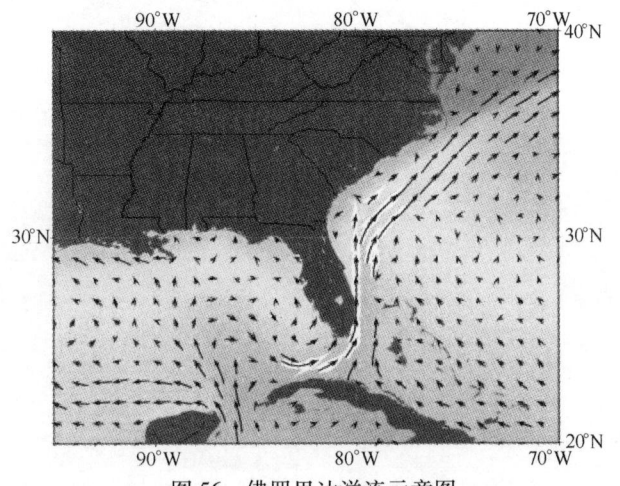

图 56　佛罗里达洋流示意图

试验过程中,船舶主要遵循以下两种路径航行:L 形路径(先向南

68

后向东)和沿南北方向的直线路径。本章第一部分主要介绍两种运动路径下导航数据融合的结果;第二部分主要通过从测量值中减去船舶真实运动的方法对 ADCP 解算速度的原始结果与校正结果进行比较。沿声束坐标系(数据记录坐标系)和地球参考坐标系(北东上坐标系)的校正过程同时进行。本章最后一部分对海上试验进行总结。

5.1 运动数据采集系统和导航数据融合结果

下面主要介绍数据采集系统测量载体运动的一些细节问题,主要是对由导航数据融合计算得到的强化速度测量结果进行讨论和分析,该速度测量结果将用于后面的 ADCP 数据校正。

第一种 L 形运动路径是以约 1.04m/s 的速度南向航行 623.56m,再以约 2.04m/s 的速度东向航行 1274.8m(根据 GPS 测量结果提供数据)。船舶南向航行的实际运动过程中,存在沿东向的微小偏差,同样,在东向航行的实际运动过程中,存在沿北向的微小偏差(图 57(a))。这证明了洋流的存在,洋流的具体形式将在下节 ADCP 测量结果的观察中介绍。此外,洋流对船舶运动轨迹的影响也可以通过第二种运动路径来观察(图 57(b)),该路径主要是以约 1.07m/s 的速度沿东南方向直线航行 687.6m,又以约 2.92m/s 的速度沿东北方向直线航行 1988m。由于洋流的影响,船舶慢慢偏移了路径(图 57)。

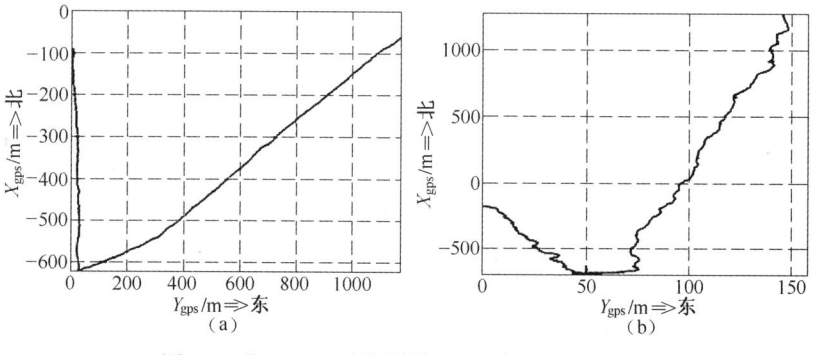

图 57　基于 DGPS 测量数据的两种海上运动轨迹

DGPS 测量速度的低频分量和 IMU 测量的加速度相融合,利用在 0.05Hz 处选择的数据融合点和互补的滤波器来获得增强的速度估计值。图 58(见彩图 58)是以对数标度表示的在数据融合频率点附近的信号功率谱密度(PSD),其中,图 58(a)和图 58(c)(或图 58(b)和图 58(d))分别表示沿 L 形和直线运动路径过程中信号北向(或东向)分量。信号融合特性可以通过对数据融合频率点附近的信号进行观察、分析与了解。与预期结果相似,图示曲线很好地证明了船舶运动速度强化估算结果如何作用于低于信息融合频率点的 DGPS 测量信息和高于该频率点的 IMU 测量加速度。

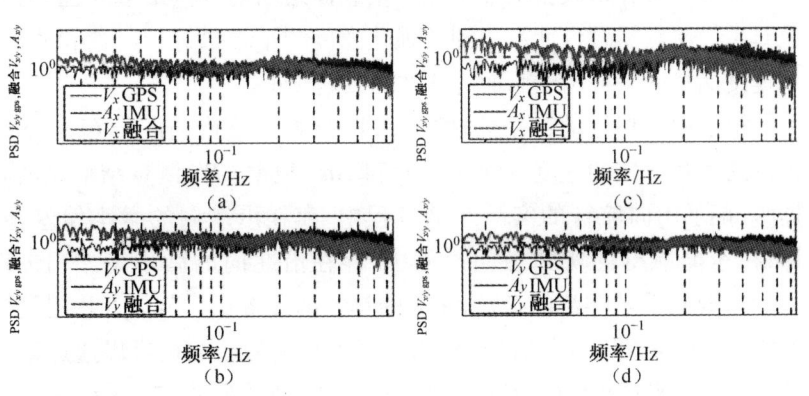

图 58　数据融合频率点 0.05Hz 附近 DGPS 测速 PSD(蓝)、
IMU 加速度估算结果的 PSD(黑)、数据融合得到速度强化估算结果(红)

图 59 为两种运动路径下的强化速度估算结果沿北向、东向和地向的分量。根据图示速度强化信号结果可知,第一种运动路径的船舶南向航行速度为 1.1m/s,东向航行速度为 2.06m/s(图 59(a)、(b)、(c));第二种运动路径下,船舶南向航行速度为 1.14m/s,北向航行速度为 2.94m/s(图 59(d)、(e)、(f))。强化速度估算结果每 1/128s 更新一次,并且对船舶运动速度的估算结果精度较高,这是因为将 GPS 测速更新频率提高到 2s 以后可以扩大运动信息覆盖的频段范围。后面将从 ADCP 测量信息中去除强化速度信息,进而估算水流速度。

根据倾斜计测量结果可知,第一种运动路径的船舶横摇角为 1.66°,纵摇角为 0.58°;第二种运动路径的船舶横摇角为 1.9°,纵摇

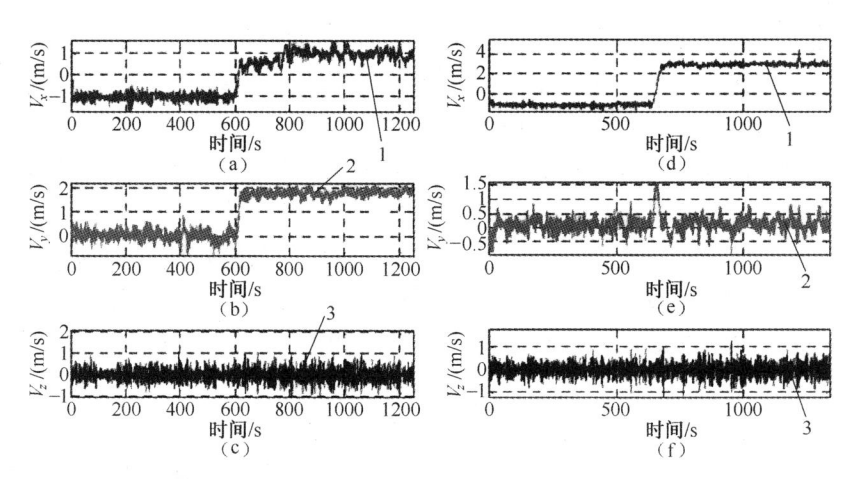

图 59　第一种和第二种运动路径下,通过数据融合得到
船舶运动强化速度信号估算结果时域分量,其中北向(东向、地向)
分量为蓝色(红色、黑色)曲线
(a)、(b)、(c)第一种运动路径;(d)、(e)、(f)第二种运动路径。
1—蓝色;2—红色;3—黑色。

角为 0.56°。该倾斜角测量结果将用于导航数据的融合过程和 ADCP
数据校正过程。船舶海上运动特征,例如航行距离、船舶运动航向、强
化速度测量结果等可以用来研究和校正由 ADCP 测量的水流。

5.2　ADCP 原始测量数据与校正结果

本节主要介绍两种运动路径下 ADCP 实时测量采集及数据校正结
果,其中校正结果用于计算不包含船舶运动信息的水流速度。由于船
舶纵荡、横荡和升沉引起的运动速度都会被 ADCP 测量(Ray 2002),因
此计算水流速度过程中去除船舶运动速度至关重要。本节主要包括两
部分,主要以图示的方式表述 ADCP 沿两个不同坐标系的数据校正结
果,并对这两种结果进行比较。第一种图示是沿 ADCP 声束坐标系的
ADCP 速度数据校正结果,该结果便于我们对 ADCP 原始数据的处理,
换言之,该结果主要应用于无 ADCP 的内部校正环境。第二种图示是

沿北-东-上坐标系和 ADCP 地球坐标系的速度校正结果。

本次试验中,ADCP 采用由美国 RDI 公司生产的骏马系列 600kHz 宽带 ADCP。参考声束中的声束 3 沿着相对船舶轴线顺时针 45° 方向,这样可以降低返回噪声,此外,ADCP 测速比例因子是 1.4。这样,声束 2 和声束 3 指向前方,声束 1 和声束 4 指向尾部。人为水流剖面包含 16 个测深单元,每一个测深单元为 4m。这里采用默认的消隐距离为 88cm,以避免 ADCP 运行过程中的测量电流。此外,第一个测深单元中心与 ADCP 的距离是 5.05m,最后一个测深单元中心与 ADCP 的距离是 65.05m。

需要注意的是,为了准确转译 ADCP 数据,当船舶沿着 ADCP 安装下方这一特殊方向运动时,船舶将表现出一种相对运动,该相对运动与船舶实际运动方向相反,需要对 ADCP 原始数据进行处理以去除这种倒置偏差。此外,除了观察 ADCP 测速之外,还需要对第一个测深单元的原始测速与校正后的 ADCP 速度和融合后的船舶速度进行比较,其中,第一个测深单元中心对水流速度敏感性最强(相对 ADCP 的深度为 5m)。本节中所有的速度单位都是 m/s。最后,计算了速度误差的标准差,它也可以作为测量速度估算结果的标准差。

5.2.1　沿声束坐标系的 ADCP 数据校正

本节介绍了沿声束坐标系校正 ADCP 数据解算水流速度的计算过程。在这个参考系中,声束 2 和声束 3 指向前方,声束 1 和声束 4 指向尾部,当水流流向传感器的方向时,径向速度符号为正。由数据采集系统得到的船舶运动强化速度信号沿北-东-地坐标系,所以在与 ADCP 数据做减法之前需要将其转换至 ADCP 声束坐标系,这种转换可以通过三次连续转动完成(图 60)。这样,速度就从北-东-地坐标系投影转换至 ADCP 船舶参考坐标系,该坐标系的 x 轴从声束 1 指向声束 2,y 轴从声束 4 指向声束 3,z 轴指向上方。ADCP 器件坐标系与声束坐标系之间的转换过程如图 60 所示。

ADCP 沿声束坐标系的补偿校正结果在第一次机动后得到,而后在第二次机动后继续校正得到。在每一个过程中,都能够得到在第一

图 60　数据采集系统解算船舶运动强化速度信号投影至
ADCP 声束坐标系的旋转过程示意图

个测深单元处的水流流速和沿 16 个测深单元的剖面流速。ADCP 的
内部算法将最后两个测深单元的水流速度丢弃了,并在水流速度图中
用白色空格表示。

5.2.1.1　第一种运动路径(L 形,先向南后向东)水流速度估算结果

本节主要介绍载体以 L 形为运动路径的条件下,第一个测深单元位置的水速测量结果,以及 16 个测深单元位置的 ADCP 测速。图 61 为船舶运动速度沿声束 2 和声束 3 方向(指向前方)投影、原始和校正后水流速度测量值沿声束 2 和声束 3 方向投影的曲线。此外,对数据沿声束 1 和声束 4(指向船尾)方向的投影结果采用相同处理方式(图 62)。

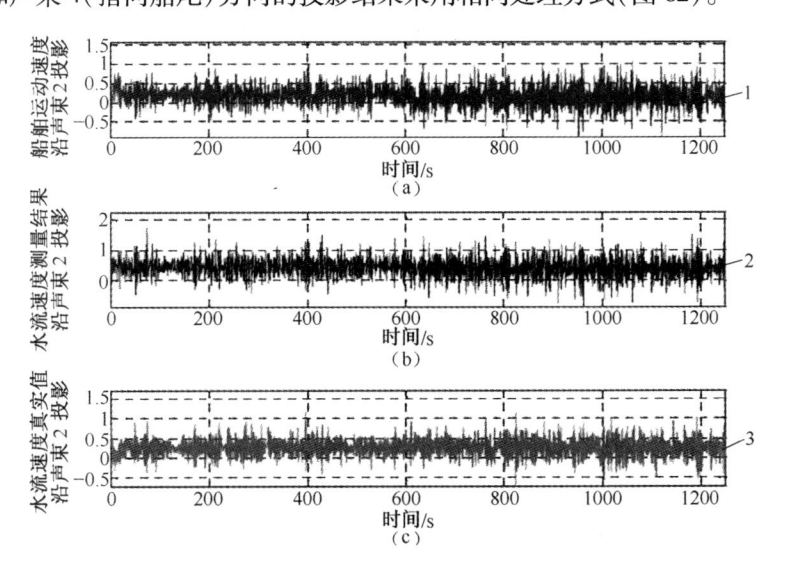

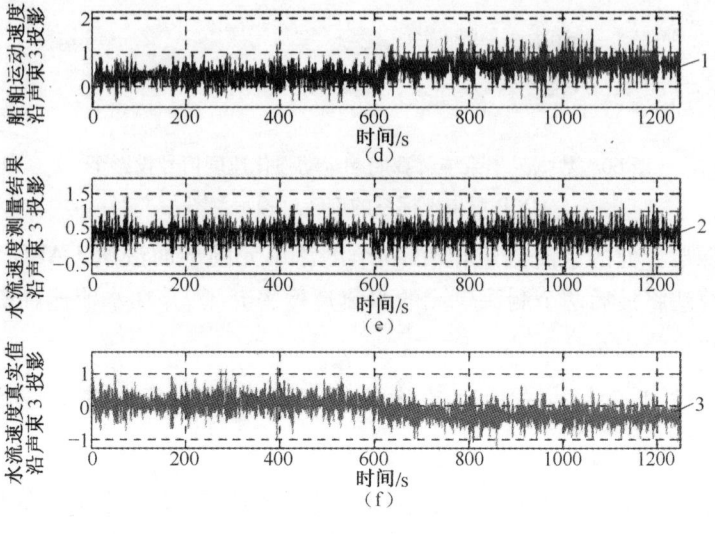

图61　载体在第一种运动路径下,船舶运动速度(蓝)沿声束2(a)和声束3(d)
方向投影、水流速度测量结果(黑)沿声束2(b)和声束3(e)方向投影、水流速度
真实值(红)沿声束2(c)和声束3(f)方向投影比较曲线,声束2和声束3均指向前方
1—蓝;2—黑;3—红。

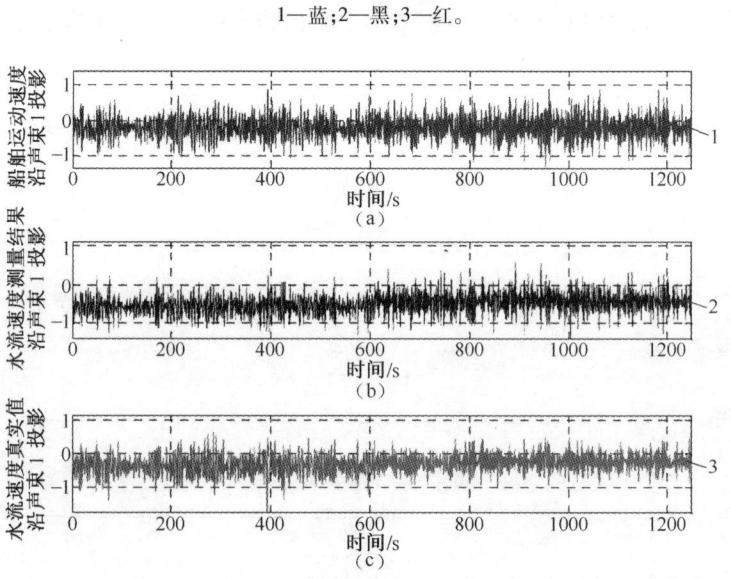

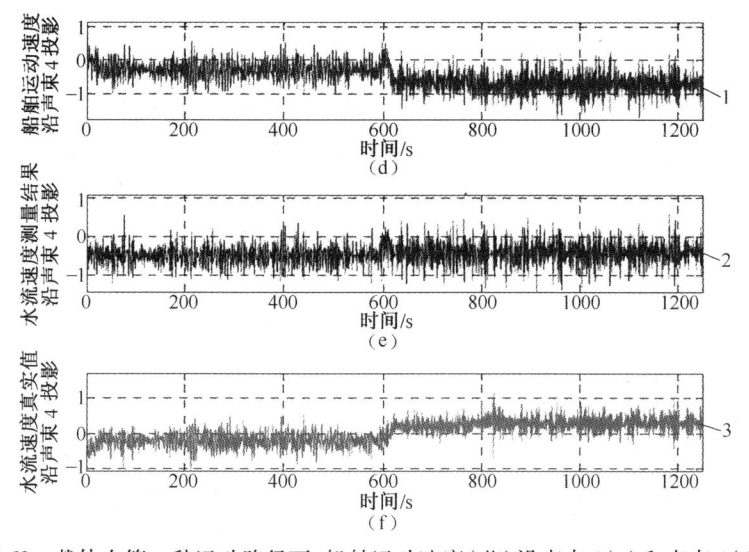

图62 载体在第一种运动路径下,船舶运动速度(蓝)沿声束1(a)和声束4(d)
方向投影、水流速度测量结果(黑)沿声束1(b)和声束4(e)方向投影、水流速度真实
值(红)沿声束1(c)和声束4(f)方向投影比较曲线,声束1和声束4均指向船尾
1—蓝;2—黑;3—红。

图61和图62证明了利用ADCP测量水流速度(黑色曲线)的难
度,由于该测量值中包含船舶运动(蓝色曲线)的影响,因此需要从
ADCP测量值中减去船舶运动信息才能得到水流速度的最终测量结果
(红色曲线)。表9是用于估算导航信息的速度信号的统计结果。

表9 第一种运动路径下,在第一个测深单元位置船舶运动强化速度、
原始与校正后的ADCP水流速度沿声束坐标系投影的测量结果

声束坐标系,第一种运动路径下,L形运动路径,测深单元1		船舶速度/(m/s)	原始ADCP水流速度/(m/s)	校正后的ADCP水流速度/(m/s)
向前	声束2	0.2跳转至0.13	0.46跳转至0.38	0.26跳转至0.25
	声束3	0.27跳转至0.62	0.39跳转至0.37	0.12跳转至-0.25
尾部	声束1	-0.22转至-0.21	-0.55转至-0.42	-0.33转至-0.21
	声束4	-0.29转至-0.71	-0.48转至-0.41	-0.19转至0.30

利用表 9 和基本三角函数关系可以计算水流速度,第一种运动路径下第一个测深单元处的水流速度测量结果为:船舶南向运动时水速为 0.5m/s、水流方向偏北向 4.74°,船舶东向运动时水速为 0.72m/s、水流方向偏北向 7.5°。下面主要研究沿所有测深单元方向利用 ADCP 测速估算的水流速度结果。

根据预期分析结果来表达时域水流速度的方式有很多。为了便于 ADCP 测速分析并区别两种运动路径,这里采用 Matlab 中的"color plot"工具定义并描述水流速度幅值,然后,利用基本三角函数关系来计算水流速度的方向和幅值。原始(图 63 和图 65,见彩图 63 和彩图 65)与校正后的(图 64 和图 66,见彩图 64 和彩图 66)ADCP 速度沿声束 2 和声束 3 方向的投影结果、原始(图 67 和图 69,见彩图 67 和彩图 69)与校正后的(图 68 和图 70,见彩图 68 和彩图 70)ADCP 速度沿声束 1 和声束 4 方向的投影结果分别如下,该结果为第一种运动路径下应用所有 16 个测深单元的测量结果。其中,试验过程中的测深单元 15 和测深单元 16 只输出 ADCP"损坏数据"标志,即-32768,这表示测量结果已达到 ADCP 的测量范围边缘。水流速度估计结果如表 10 所列。

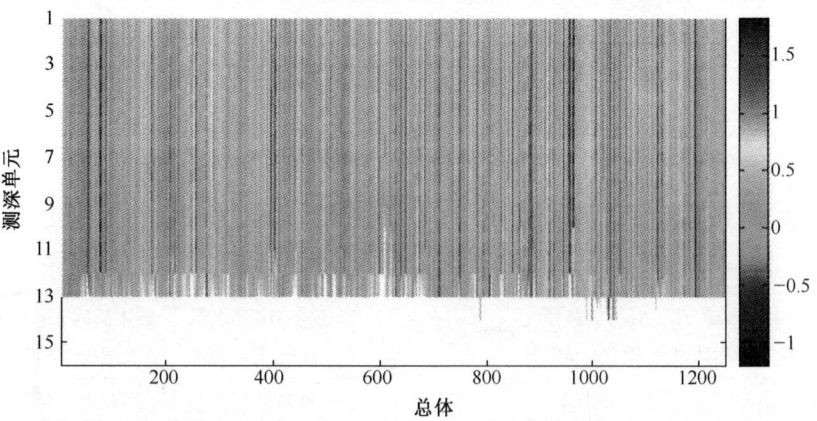

图 63 第一种运动路径(向南后向东)下,原始 ADCP 测速
沿声束 2 投影,声束 2 指向前

图 64 为水流速度沿声束 2 方向的投影结果。当船舶东向航行时,该测量值为正,并且测量值会随着船舶机动有微小上升;当船舶向南航

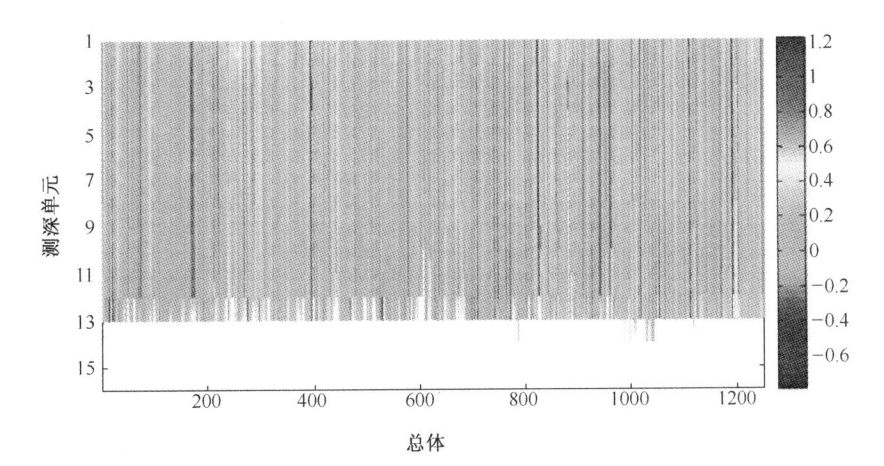

图 64　第一种运动路径(向南后向东)下,校正后的 ADCP 测速
沿声束 2 投影,声束 2 指向前

行时,水流速度沿声束 2 的投影结果达到最大。

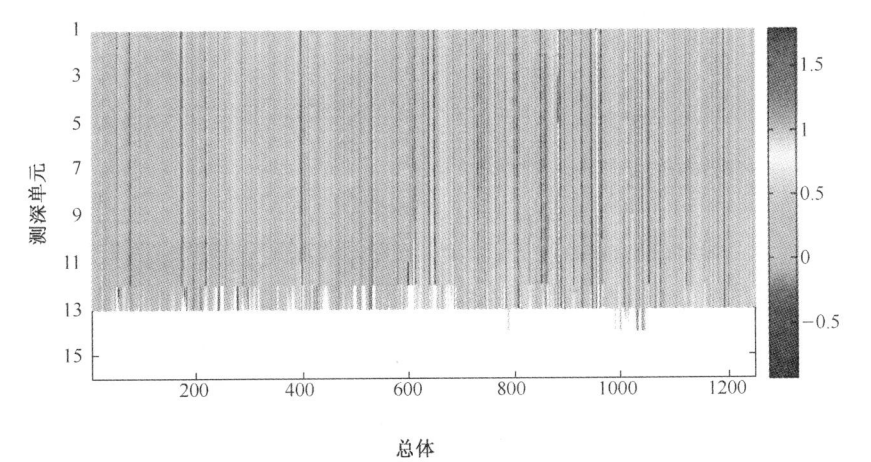

图 65　第一种运动路径(向南后向东)下,原始 ADCP 测速
沿声束 3 投影,声束 3 指向前

图 67 为水流速度沿声束 3 方向的投影结果,该测量结果与船舶向
南(正)和向东(负)航行时的测量结果大小相近、符号相反。当船舶向
南航行时,水流速度沿声束 3 的投影结果达到最大。

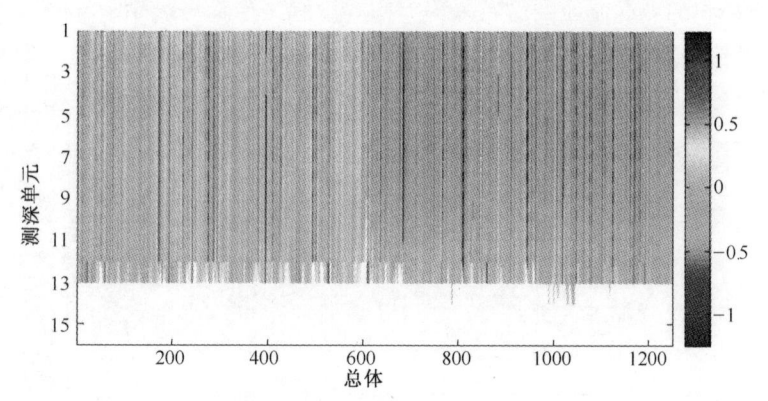

图 66　第一种运动路径(向南后向东)下,校正后的 ADCP
测速沿声束 3 投影,声束 3 指向前

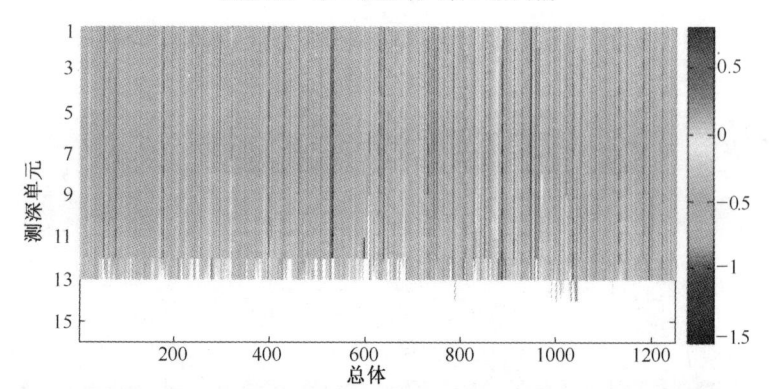

图 67　第一种运动路径(向南后向东)下,原始 ADCP 测速沿声束 1 投影,声束 1 指向尾

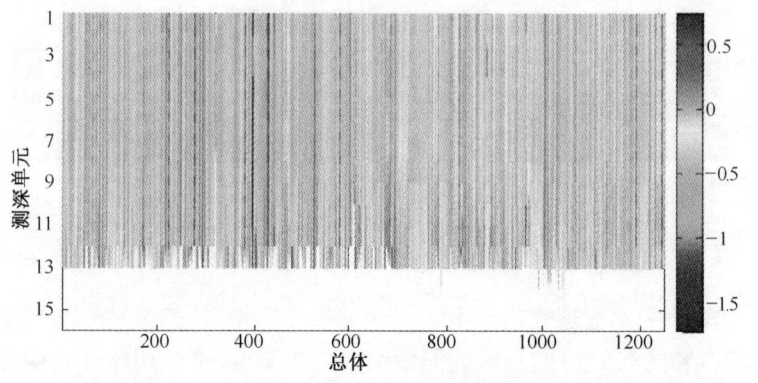

图 68　第一种运动路径(向南后向东)下,校正后的 ADCP 测速
沿声束 1 投影,声束 1 指向尾

图 69 为水流速度沿声束 1 方向的投影结果。当船舶向南航行时，该测量值为负，并且测量值会随着船舶机动有微小上升。船舶机动时，水流速度沿声束 1 投影偶尔会达到最大值。

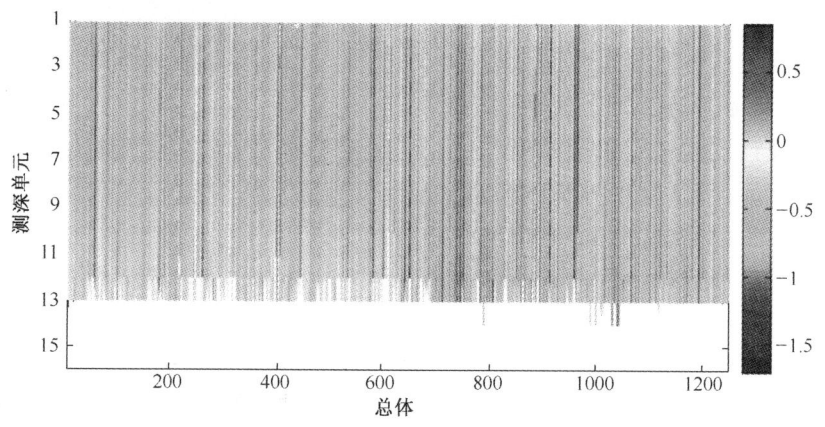

图 69　第一种运动路径(向南后向东)下，原始 ADCP 测速
沿声束 4 投影，声束 4 指向尾

图 70 为水流速度沿声束 4 方向的投影结果，当船舶向南航行时水流速度测量结果为负，东向航行时为正。此外，当船舶向东航行时，水流速度沿声束 3 的投影达到最大。同时，根据校正速度沿声束 2 和声

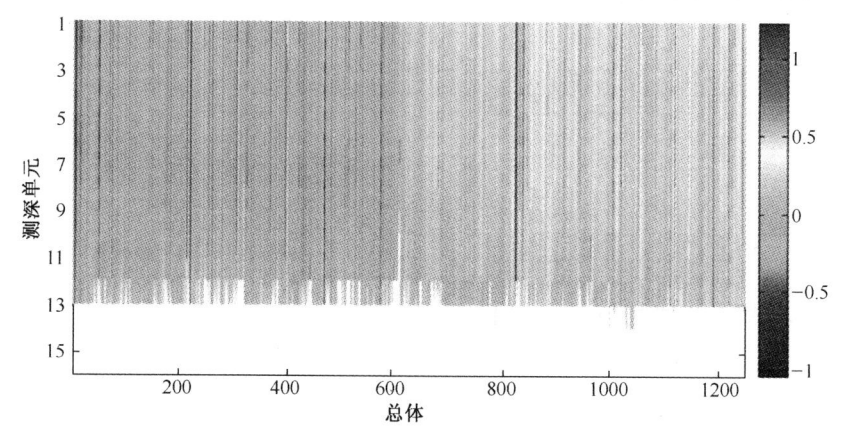

图 70　第一种运动路径(向南后向东)下，校正后的 ADCP 测速
沿声束 4 投影，声束 4 指向尾

束 3 的投影可知,水流速度最大值都呈现为深红色,并且多数情况下出现在船舶向南航行时,换言之,当水流穿过声束时,水流速度最大。同样采用"彩色地图"(colormap)的方法得到水流速度的时域曲线,根据该曲线的方向和深度可以观察水流幅值的变化。根据水流速度沿着四束声束的测量结果可知,水流均匀分布于水柱外表面,例如,图中从 ADCP 表面到 ADCP 测量范围边缘的颜色基本不变。原始和校正后的水流速度沿着四束声束和所有测深单元投影的统计结果如表 10 所列。

通过对沿四个声束的所有水流速度测量结果(表 10)求平均值和基本三角函数关系可以得到水流速度。对于第一种运动路径,水流速度的估算结果如下:船舶南向运动时水速为 0.72m/s、水流方向偏北向 13°,东向运动时水速为 0.64m/s、水流方向偏北向 8.8°。

表 10 第一种运动路径下,沿声束坐标系测速得到的原始
与校正后的 ADCP 水流速度估算结果

声束坐标系,第一种运动路径下, L 形运动路径,所有测深单元		原始 ADCP 水流速度/(m/s)	校正水流速度/(m/s)
向前	声束 2	向南:0.3~0.7	向南:0.1~0.5
		向东:0.2~0.5	向东:0.1~0.3
	声束 3	向南:0.3~0.5	向南:0.1~0.3
		向东:0.3~0.5	向东:-0.3~-0.1
向后	声束 1	向南:-0.7~-0.5	向南:-0.5~-0.2
		向东:-0.5~-0.3	向东:-0.3~-0.1
	声束 4	向南:-0.6~0.2	向南:-0.3~-0.1
		向东:-0.5~0.3	向东:0.2~0.4

下面主要介绍船舶以第二种路径运动时的水流速度估算结果,估算方法与第一种运动路径估算方法相同。

5.2.1.2 第二种运动路径(线性路径,先向南后向北)水流速度估算结果

本节主要介绍载体线性运动路径条件下,在第一个测深单元位置水流速度的估算结果,并对 ADCP 在所有测深单元位置的测速进行观察分析。试验中,需要对船舶运动速度沿声束 2 和声束 3(指向前方)方向的投影结果进行计算、绘制并检验,此外,原始与校正后的水流测

量速度沿声束 2 和声束 3 方向投影计算结果如图 71 所示。对数据沿声束 1 和声束 4(指向尾部)投影的处理采用相同方法(图 72)。

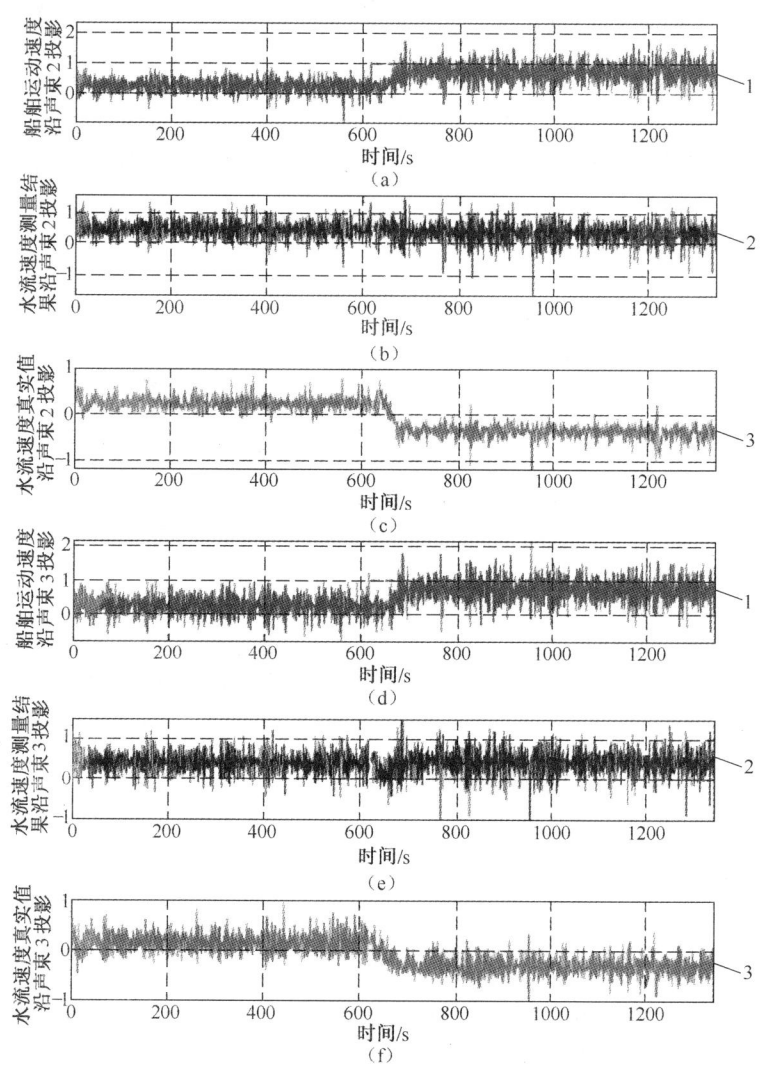

图 71　载体在第二种运动路径下,船舶运动速度(蓝)沿声束 2(a)和声束 3(d)方向投影、水流速度测量结果(黑)沿声束 2(b)和声束 3(e)方向投影、水流速度真实值(红)沿声束 2(c)和声束 3(f)方向投影比较曲线,声束 2 和声束 3 均指向前方
1—蓝;2—黑;3—红。

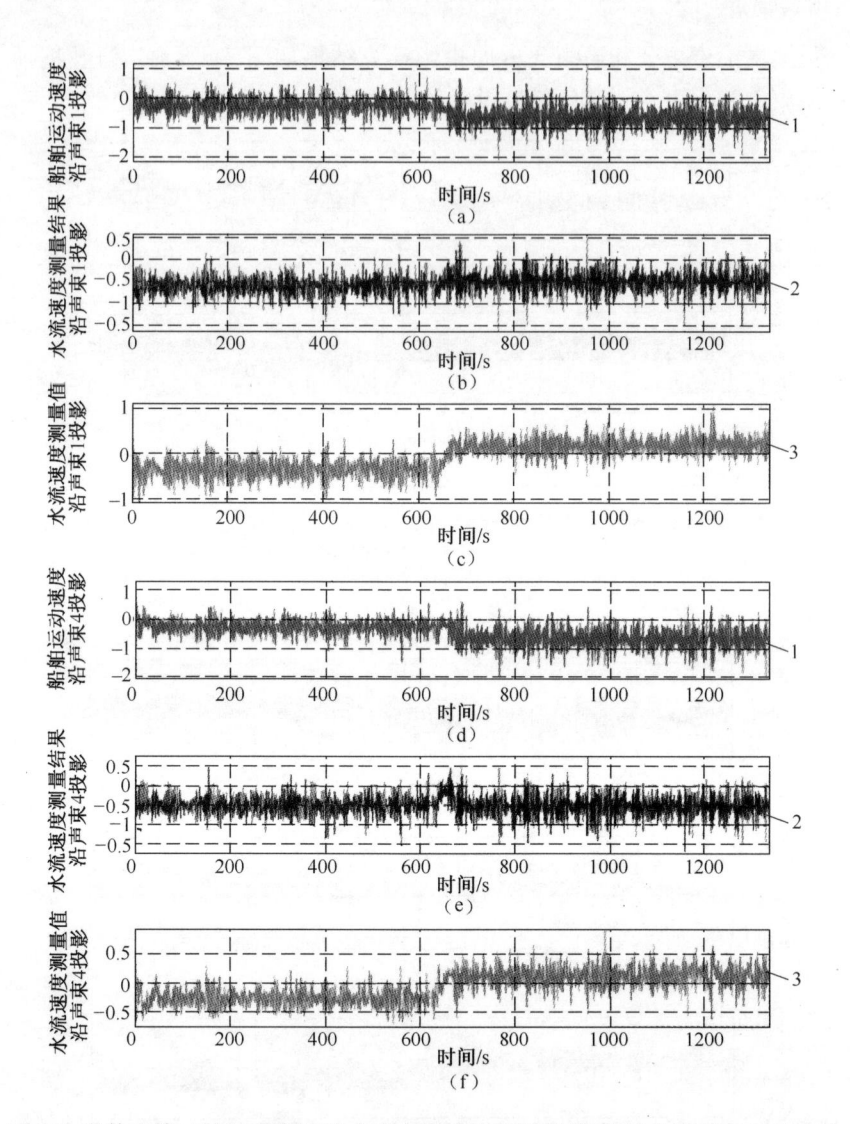

图 72　载体在第二种运动路径下,船舶运动速度(蓝)沿声束 1(a)和声束 4(d)方向投影、水流速度测量结果(黑)沿声束 1(b)和声束 4(e)方向投影、水流速度真实值(红)沿声束 1(c)和声束 4(f)方向投影比较曲线,声束 1 和声束 4 均指向尾部

1—蓝;2—黑;3—红。

图 71 和图 72 证明了船舶运动(蓝色曲线)对 ADCP 测量水流速度

(黑色曲线)的影响,并且只有在这种影响被消除后才能得到水流速度的测量结果(红色曲线)。表11是数据估算统计结果。

表11　第二种运动路径下,在第一个测深单元位置沿声束坐标系的船舶速度、原始与校正后的 ADCP 水流速度测量结果

声束坐标系,第二种运动路径下,直线运动路径,测深单元1		船舶速度/(m/s)	原始 ADCP 水流速度/(m/s)	校正后的 ADCP 水流速度/(m/s)
向前	声束2	0.25 跳转至 0.75	0.48 跳转至 0.36	0.22 跳转至-0.36
	声束3	0.26 跳转至 0.75	0.39 跳转至 0.42	0.12 跳转至-0.32
尾部	声束1	-0.24 跳转至-0.65	-0.59 跳转至-0.48	-0.32 跳转至 0.16
	声束4	-0.24 跳转至-0.66	-0.51 跳转至-0.53	-0.25 跳转至 0.12

利用表11和基本三角函数关系可以计算水流速度。第二种运动路径下,第一个测深单元处的水流速度测量结果为:船舶南向运动时水速为 0.65m/s、水流方向偏北向 5.49°;北向运动时水速为 0.68m/s、水流方向偏北向 4.8°。下面主要研究利用 ADCP 测速估算沿所有测深单元方向水流速度的方法。

在载体沿第一种运动路径运动的分析过程中,采用 Matlab 的"Colormap plot"工具来描述水流速度幅值。这里在分析第二种运动路径时,原始和校正后的 ADCP 速度沿声束2和声束3方向的投影与原始和校正后的 ADCP 测速沿声束1和声束4方向的投影也采用相同的表示方法。其中,测深单元15和测深单元16只输出 ADCP"损坏数据"的标志位,例如-32768,这表示测量结果已达到 ADCP 的测量范围边缘。水流速度估计结果如表12所列。

从校正速度沿声束2和声束3(指向前方)方向的投影结果可以看出,水流速度的最大值经常出现在船舶向南运动时,换言之,当水流流向声束时,水流沿声束1和声束4的投影为最大值。从沿四束声束的投影结果中发现,水流均匀分布于水柱外面,但是从图中可以看出表示水流速度的颜色有微小变化,并且与第一种运动路径相比,水流速度幅值随着深度的增加而降低。原始和校正后的水流速度沿着四束声束和

所有测深单元投影统计结果如表 12 所列。

表 12　第二种运动路径下，沿声束坐标系测速得到的原始与
校正后的 ADCP 水流速度估算结果

声束坐标系，第二种运动路径下，直线形运动路径，所有测深单元		原始 ADCP 水流速度/(m/s)	校正后的 ADCP 水流速度/(m/s)
向前	声束 2	向南:0.35~0.6	向南:0.1~0.3
		向东:0.25~0.6	向东:-0.5~-0.2
	声束 3	向南:0.35~0.5	向南:0.1~0.2
		向东:0.3~0.65	向东:-0.5~-0.1
向后	声束 1	向南:-0.65~-0.5	向南:-0.4~-0.2
		向东:-0.55~-0.45	向东:0.1~0.2
	声束 4	向南:-0.65~-0.35	向南:-0.4~-0.1
		向东:-0.55~-0.4	向东:0.1~0.2

　　水流速度通过对沿四个声束的所有水流速度测量结果(表 12)求平均值和基本三角函数关系得到。对于第二种运动路径，水流速度的估算结果如下：船舶南向运动时水速为 0.64m/s、水流方向偏北向 1.25°；北向运动时水速为 0.67m/s、水流方向偏北向 3.2°。

　　下一部分主要介绍沿北-东-上坐标系的 ADCP 数据校正方法，分析该结果的目的是为了与本节分析结果作比较。

5.2.2　沿北-东-上坐标系、ADCP 地球参考坐标系的 ADCP 数据校正

　　本节主要介绍在第二种运动路径下，ADCP 测量数据沿北-东-上坐标系投影估算水流速度。首先，分别介绍校正水流测量速度沿北向和东向的投影，并分析了每一个投影结果在第一个测深单元位置与所有测深单元的计算结果。ADCP 的内部算法将最后两个测深单元的水流速度丢弃了，并在水流速度图中用白色空格表示。最后，对计算结果进一步总结，得到两种运动路径下的水流流速和方向。

　　ADCP 的数据采集(原始数据)结果沿声束坐标系，所以需要在数据校正前将其旋转投影至北东上坐标系。这种转换通过连续三次转动

完成(图73)。这样,ADCP 测量数据就从声束坐标系转换至 ADCP 器件坐标系,该坐标系的 x 轴从声束 1 指向声束 2,y 轴从声束 4 指向声束 3,z 轴指向上方。这样,数据就可以被投影至 ADCP 船舶参考坐标系(前-右舷-上),最后旋转至 ADCP 地球坐标系(北-东-上)。

图 73　ADCP 测量数据转换至北-东-上坐标系的旋转过程示意图
(该坐标系用于计算船舶速度强化测量结果)

由于速度强化测量信号沿北-东-地坐标系,因此需要将该结果转换至北-东-上坐标系。下面主要研究两种运动路径下第一个测深单元处的水流测量结果。

5.2.2.1　两种运动路径(L 形和直线形)在第一个测深单元处,沿 NEU 坐标系的水流速度测量结果

本节主要介绍两种运动路径下在第一个测深单元处沿北-东-上坐标系校正水流速度沿北向和东向的分量结果。L 形运动路径下,船舶运动速度沿北向(或东向)分量如图 74(a)(或图 75(a))所示,图 74(d)(或图 75(d))是相应直线运动的结果;在第一个测深单元处,L 形运动路径下,原始和校正后的水流速度沿北向(或东向)分量如图 74(b)(或图 75(b))和图 74(c)(或图 75(c))所示,而图 74(e)(或图 75(e))和图 74(f)(或图 75(f))是相应直线运动的结果。

船舶沿第一种运动路径运动 600s、第二种运动路径运动 630s 后改变航行方向。方向改变所造成的影响可以从速度暂时反向处数据的东向分量(图 75(a)和图 75(b))看出。这些短暂的符号反向是由船舶对海浪的动态响应所引起的。ADCP 数据中的另外一种扰动可以在第二种运动路径运动 950s 后看出。此外,每一组曲线都可以用于水流估算,两种运动路径下的水流估算结果如表 13 所列。

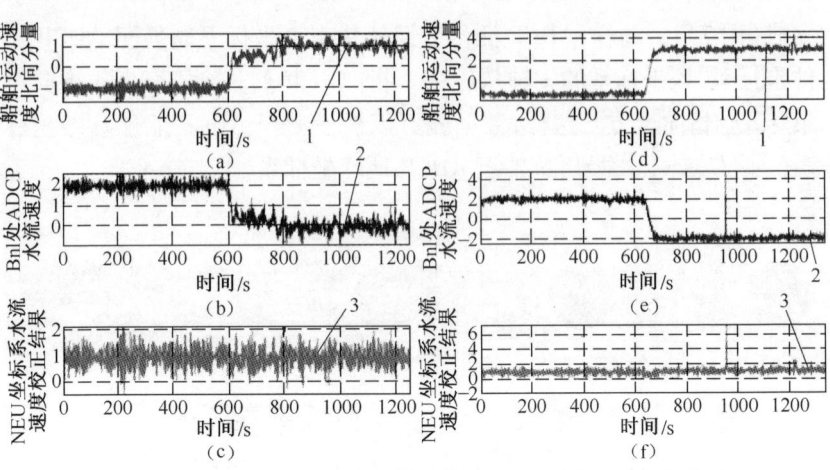

图 74 在第一种和第二种运动路径的时域范围内,船舶运动北向分量(蓝)、
在第一个测深单元中心处 ADCP 水流速度测量结果(黑)、
沿 NEU 坐标系水流速度校正结果(红)

(a)、(b)、(c)第一种运动路径;(d)、(e)、(f)第二种运动路径。

1—蓝;2—黑;3—红。

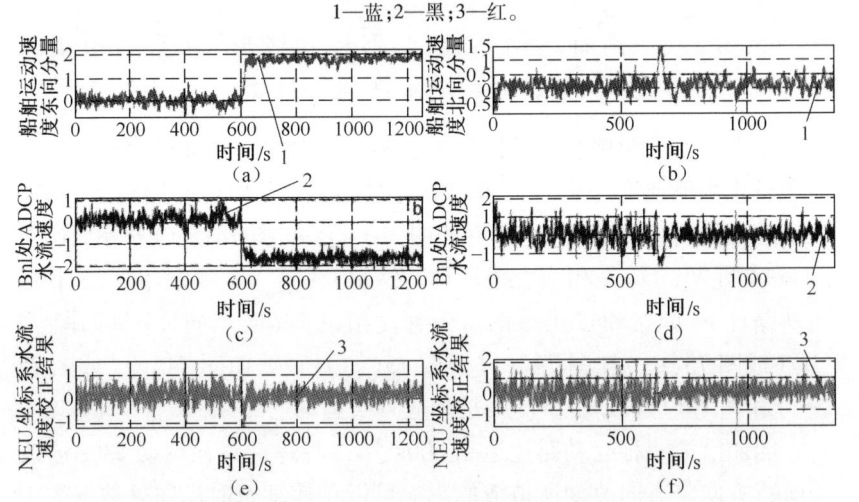

图 75 在第一种和第二种运动路径的时域范围内,船舶运动东向分量(蓝)、
在第一个测深单元中心处 ADCP 水流速度测量结果(黑)、
沿 NEU 坐标系水流速度校正结果(红)

(a)、(b)、(c)第一种运动路径;(d)、(e)、(f)第二种运动路径。

1—蓝;2—黑;3—红。

表 13　两种运动路径下,在第一个测深单元处沿北-东-上坐标系的船舶速度、原始与校正后的 ADCP 水流速度测量结果

NEU 坐标系,测深单元 1		船舶速度/(m/s)	原始 ADCP 水流速度,测深单元 1/(m/s)	校正后的 ADCP 水流速度,测深单元 1/(m/s)
L 形路径	北向分量	-1.038 跳转至 0.927	1.959 跳转至 0.048	0.9
	东向分量	0.069 跳转至 1.79	0.14 跳转至 -1.65	0.16
直线形路径	北向分量	-1 跳转至 2.9	1.99 跳转至 -1.88	0.96
	东向分量	0.075 跳转至 0.15	-0.17 跳转至 0.02	0.12

根据表 13 得到水流速度的估算结果为:北向分量 0.93m/s、东向分量 0.14m/s。由此得到水流速度的最终估算结果为:在第一个测深单元处沿 NEU 坐标系两种运动路径计算结果的均值为 0.94m/s,水流方向偏北向 8.6°。下节主要介绍沿所有测深单元方向的 ADCP 验证速度与水流速度估算。

5.2.2.2　L 形和直线形路径下 ADCP 沿 NEU 坐标系测速及水流速度测量

下面主要介绍两种运动路径下,沿所有测深单元方向的 ADCP 测速沿北向和东向分量的原始(图 76、图 78、图 80、图 82)与校正后的(图 77、图 79、图 81、图 83)结果(见彩图 76~彩图 83)。

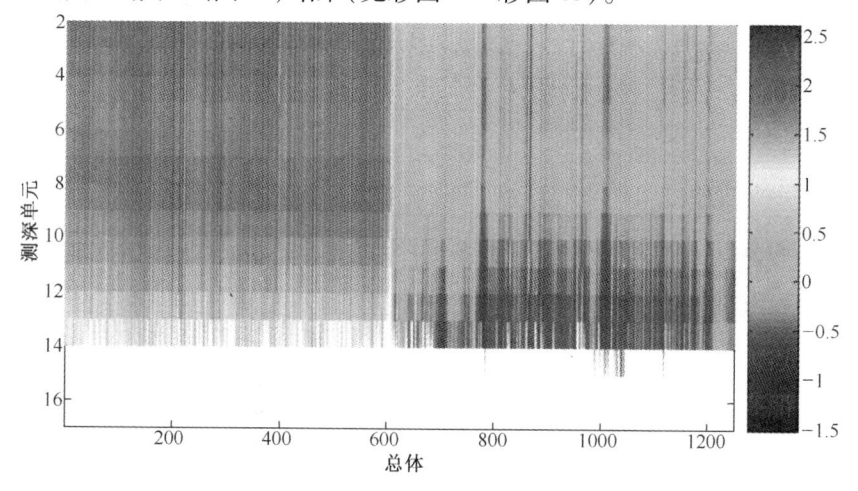

图 76　第一种运动路径(L 形,向南后向东)下,原始 ADCP 测速北向分量

根据预期分析结果来表示时域水流速度的方式有很多。为了便于 ADCP 测速分析并区别两种运动路径,这里采用 Matlab 中的"color plot"工具来定义并描述水流速度幅值,然后可以利用基本三角函数关系来计算水流速度的方向和幅值。此外,测深单元 15 和测深单元 16 只包括 ADCP"数据损坏"标志,即−32768,这表示测量结果已达到了 ADCP 的测量范围边缘。

图 77 为水流速度北向分量,其中,水流测速在船舶机动过程中符号为正,并且当船舶改变航行方向时,水流速度达到最大。

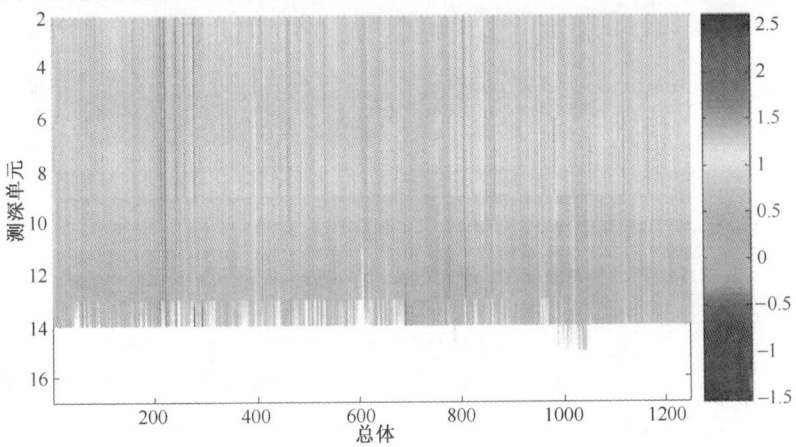

图 77 第一种运动路径(L 形,向南后向东)下,校正后的 ADCP 测速北向分量

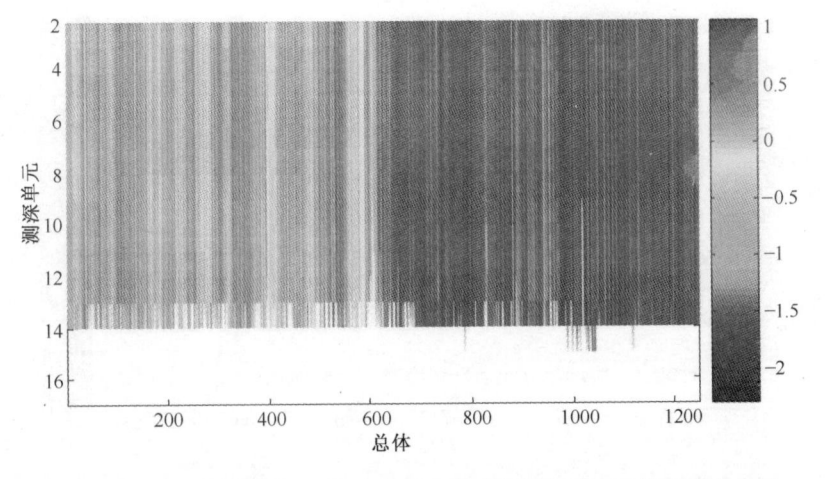

图 78 第一种运动路径(L 形,向南后向东)下,原始 ADCP 测速东向分量

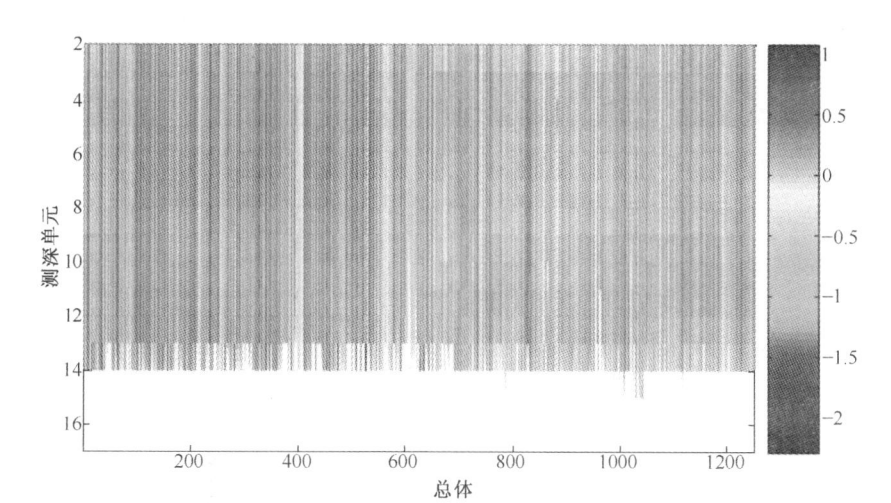

图 79　第一种运动路径（L 形,向南后向东）下,校正后的
ADCP 测速东向分量

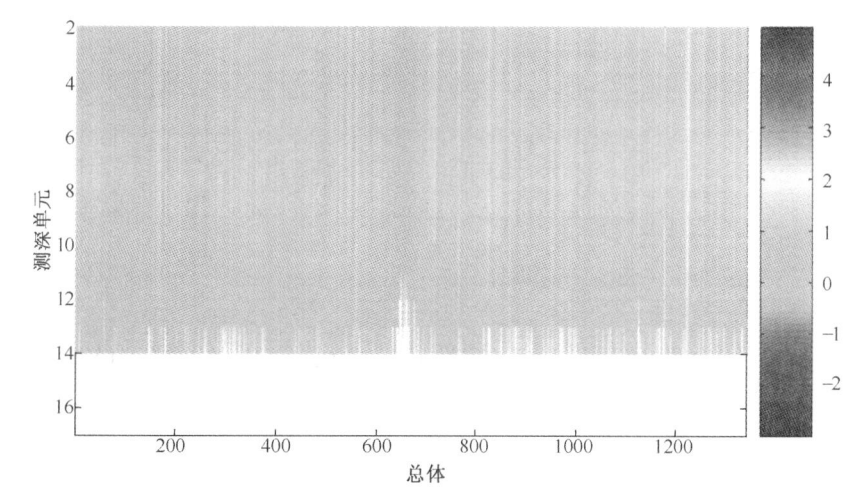

图 80　第二种运动路径（直线形,向南后向北）下,
原始 ADCP 测速北向分量

·由图 81 可以看出,水流速度在船舶机动过程中一直为正,当船舶
改变航行方向时数值有所减小。

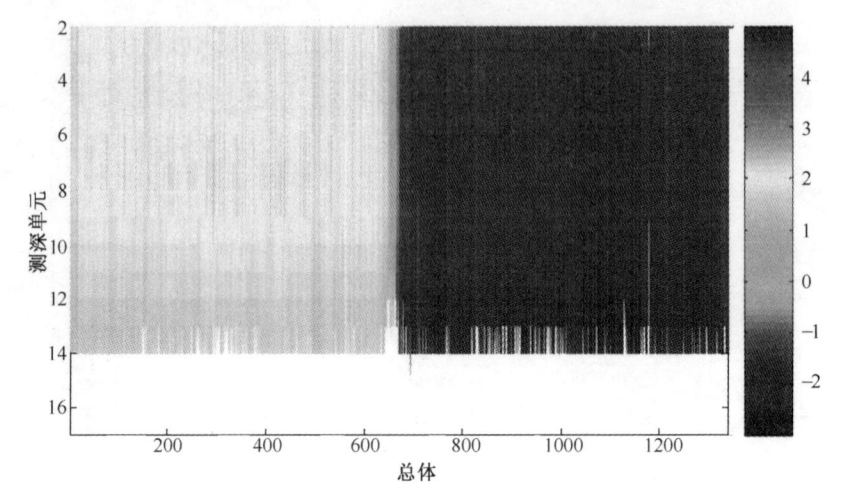

图 81　第二种运动路径(直线形,向南后向北)下,校正后的
ADCP 测速北向分量

由图 82 可以看出,当船舶突然调转方向时,水流速度明显减小。

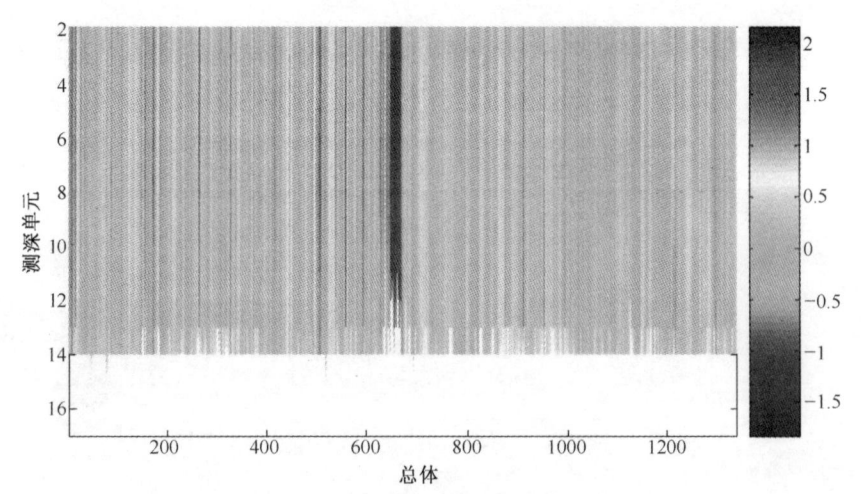

图 82　第二种运动路径(直线形,向南后向北)下,
原始 ADCP 测速东向分量

图 76~图 83 中分析了各水流速度分量,表 14 为水流速度测量估算的统计结果。

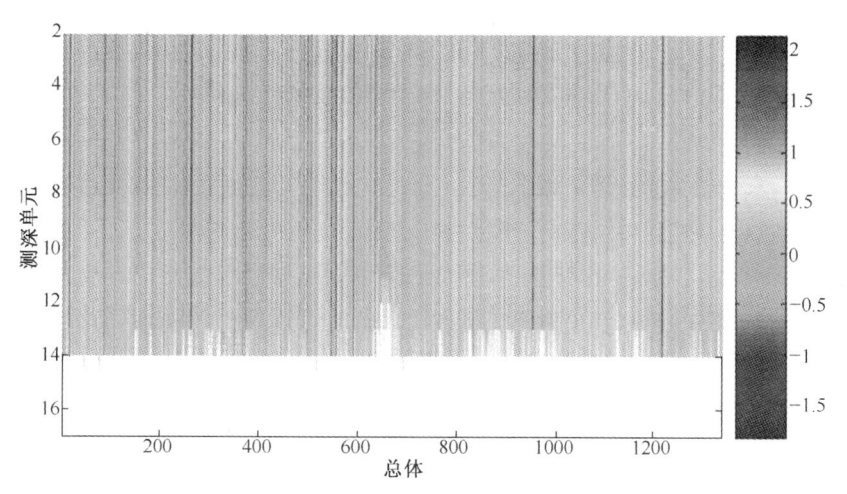

图 83　第二种运动路径(直线形,向南后向北)下,
校正后的 ADCP 测速东向分量

两种运动路径下的水流速度测量均值由速度为 1.07m/s 的北向沿岸洋流和速度较弱的 0.1m/s 近海岸洋流组成(表 14)。结合所有测深单元测速结果与两路径下求解均值得到水流速度可知,沿 NEU 坐标系水流速度的最终测量结果为 1.07m/s,水流方向偏北向 5.3°。

表 14　两种运动路径下,沿 NEU 坐标系测速得到的
原始与校正后的 ADCP 水流速度

NEU 坐标系,所有测深单元	投影方向	原始 ADCP 水流速度/(m/s)	校正后的 ADCP 水流速度/(m/s)
L 形路径 向南后向东	北向	向南:1~1.7	0~1.8 (均值 0.9)
		向东:-0.7~0.5	
	东向	向南:-0.1~0.6	-0.3~0.5 (均值 0.1)
		向东:-1.7~-1.3	
直线形路径 向南后向北	北向	向南:1.5~2.2	1~1.5 (均值 1.25)
		向东:-2.5~-2	
	东向	向南:-0.7~0.5	-0.2~0.3 (均值 0.1)
		向东:-0.4~0.5	

5.3 海上试验总结

进行海上试验的主要目的是检测该条件下运动数据采集系统测量结果、数据采集以及 ADCP 数据校正等性能。试验过程中,船舶采用两种不同的航行路径:L 形路径(先向南后向东)和沿南北方向的直线路径。试验地点为佛罗里达东南近海岸,该地点近海岸的洋流以南北方向的洋流为主,最大幅值近 1m/s。

船舶航行过程中采集 ADCP 原始测量数据,然后将该测量数据减去载体运动速度得到校正后信息。ADCP 数据的校正量是在 ADCP 声束坐标系中获得的,并记录下该坐标系下的数据,此外还在地球参考坐标系和北‐东‐上坐标系中获得 ADCP 数据的校正量,从而进行比较分析。

第6章 总 结

　　水面无人艇(USV)是指无人值守、自主控制的无缆舰艇,它可以通过自主控制或远程遥控操作达到水面航行的目的。FAU 不仅是一款具有海洋探测和网关功能的 USV,也是一款低成本移动水面平台。因为标准 GPS 接收机输出信号频率(0.5Hz)和精度无法满足小型舰艇,因此提出了一种高频率(128Hz)、高精度位置和方向的测量系统。该系统包括一个用于导航、控制和强化声学性能的运动测量采集包(本书的主要研究对象)。其中,舱内传感器包括用来提供海洋相关测量结果的声学多普勒流速剖面仪(ADCP)。

　　ADCP 利用声学脉冲的多普勒频移和时间延迟来测量传感器艏向相对水流的速度。通过发送固定频率的声学脉冲信号,并通过获取水中散射物质回声信号的多普勒频移,来估算水流速度。由于 ADCP 采用非侵入方式测量水流速度,因此无法从测量值中分辨出载体运动和水流运动。当 ADCP 安装在平台上时,其测速结果是平台运动速度和水流速度之和。因此,需要想办法剔除 ADCP 测量运动速度中的干扰信息并且尽量避免长时间平均。ADCP 中包含一个运动测量系统,该系统主要用来控制 ADCP 以固定频率(频率为 1Hz)发出声学脉冲信号,并利用测量仪器记录并解码回声信号。此外,每个水流速度声学脉冲都需要有解码、运动信息校正和投影至地球坐标系的过程。

　　USV 运动测量系统包括含有加速度计和速率陀螺的惯性测量单元(IMU)、GPS 接收机、磁通门罗经、倾斜计和 ADCP。由于各传感器无法独立测量载体位置,因此需要将它们组合以达到优势互补、降低或消除各器件误差的目的。所以,利用组合和数据融合方法将各传感器的量测信息结合起来,从而估算出载体的位置(Driscoll 等,2000)。利用这些技术开发软件包可以保证传感器的测量精度,并且可以去除任何频率范围内的干扰误差,最终得到零漂移误差信号。

本书中提及的数据融合技术是指结合传感器输出的互补信息,来测量估算相关状态变量,并消除积分测量值 $\dot{x}_m(t)$ 的漂移误差。其中,对测量值积分可以有效提高 $x_m(t)$ 的频率和分辨率,$x_m(t)$ 和 $\dot{x}_m(t)$ 是所有状态量 $x(t)$ 中的一部分,是两类完全不同传感器的测量结果(例如,定位传感器和测速感器)。然后,将 $x_m(t)$ 与 $\dot{x}_m(t)$ 的变形形式相加得到预强化信号 $x_p(t)$(Mudge 和 Lueck,1994),具体形式如下:

$$x_p(t) = x_m(t) + \frac{1}{\Omega_C}\dot{x}_m(t) \tag{38}$$

其中,比例因子 Ω_C 表示截止频率,是一个符号为正的常值。Ω_C 的选取与两类传感器的互补特性有关。如果传感器输出信号频率远小于截止频率($\Omega \ll \Omega_C$),预强化信号 $x_p(t)$ 主要取决于信号 $x_m(t)$;反之,当 $\Omega \gg \Omega_C$ 时,预强化信号 $x_p(t)$ 主要取决于信号 $\dot{x}_m(t)$。信号 $x_p(t)$ 通过单极点低通滤波器后可以得到信号 $x(t)$ 的强化信号 $x_e(t)$。这样,信号 $x(t)$ 的强化信号 $x_e(t)$ 中包括传感器测量结果 $x_m(t)$ 的低频信息和传感器测量结果 $\dot{x}_m(t)$ 的高频信息。

欧拉角计算过程中采用第一种数据融合方法。考虑到每一类传感器的特性,这里采用数据采集系统来实时同步转译所有仪器测量结果,并将这些信号统一转换成欧拉角形式。其中,欧拉角无法直接测量得到,但可以通过融合低频欧拉角 θ_L 和 ϕ_L 得到。其中,θ_L 和 ϕ_L 由水平倾斜角测量值 ξ 和 ζ、罗经航向 ψ_L、IMU 测量高频角速率 $w \equiv [p,q,r]^T$ 计算得到。

书中还介绍了在利用 IMU、TCM2 和倾斜计测量数据进行信息融合计算欧拉角过程中,测试最佳信息融合频率点的相关试验。试验中,将上述传感器共同安装在一个刚性圆盘上,并令传感器绕着不同的坐标轴并以不同的角速度进行连续旋转。试验结果表明,IMU 速率陀螺输出信息中含有低频陀螺漂移,数据融合最佳频率点为 1/30Hz。这样,以该频率为数据融合频率点时,输出信息低于该截止频率的传感器

（水平倾角和罗经航向）可以提供精确且稳定的欧拉角 ϕ、θ、ψ，输出信息高于该截止频率的传感器（IMU 速率陀螺）可以提供欧拉角速率 $\dot{\phi}$、$\dot{\theta}$、$\dot{\psi}$ 的精确测量值。IMU/TCM2/倾斜计估算欧拉角 β 结构图如图 84 所示。

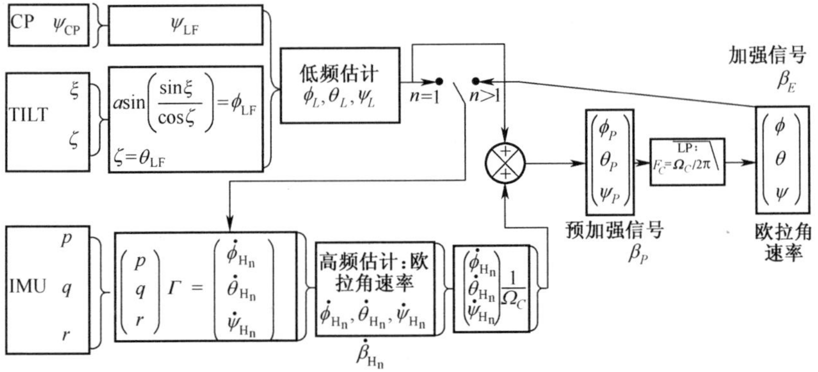

图 84　IMU/TCM2/倾斜计估算欧拉角 β 结构图

　　上述欧拉角估算结果将用于 IMU 加速度计沿载体系的测量结果 $\boldsymbol{a} \equiv [\dot{u}, \dot{v}, \dot{w}]^{\mathrm{T}}$ 投影至 NED 坐标系 $\boldsymbol{A} \equiv [\ddot{X}, \ddot{Y}, \ddot{Z}]^{\mathrm{T}}$ 的过程，并且投影转换前需要去除测量比力中的重力加速度信息。通过直接融合 IMU 高频（128Hz）加速度和基于 GPS 测速 $V_{LF}^{GPS} \equiv [V_{LF}^{X}, V_{LF}^{Y}, V_{LF}^{Z}]^{\mathrm{T}}$ 与方位角计算的低频（0.5Hz）速度可以得到船舶运动强化速度信号 V。然后通过融合强化速度信号 $\boldsymbol{V} \equiv [V_X, V_Y, V_Z]^{\mathrm{T}}$ 和 GPS 经纬度信号可以得到定位信息。书中介绍了两个确定数据融合最佳频率（Ω_C）的相关试验，并利用该频率解算了全频段的船舶运动速度 $\boldsymbol{V}_E$ 和位置信息 $\boldsymbol{\eta}_E$。

　　第一个试验的主要目的是观察沿 NED 坐标系垂直方向的加速度特性，并验证融合垂直速度 V_E^Z 和融合位置 Z_E 的不同方法。该试验的试验地点为机械工厂，试验中将 IMU、倾斜计和 TCM2 型罗经安装在水平平台上。该平台水平，用绳子将平台拴在长为 1.03m 刚性杆的一端，刚性杆的中间与变速箱连接，变速箱安装在旋转发动机上。刚性杆的端点以不同的速度沿半径为 0.515m 的圆形轨迹运动。本测试设定了六组垂直运动周期，分别为 5s、10s、15s、20s、25s、35s，每组测试持续时间为10min。此外,该旋转速度手动设定,试验过程中以全自动的方式通过旋转发动机的速度变化器来实现刚性杆的旋转运动。

假设IMU的输出信号中只有高精度的高频信息,将其测量值与低频零输出的信号相融合(数据融合频率点为1/100Hz),得到垂直方向的全频段速度信息。然后,再将该垂直速度与其他信号相融合,得到全频段的垂直位置信号,其中,该数据融合方法的最佳截止频率为1/50Hz。

第二个试验的主要目的是观察数据采集系统的陆上性能,在没有ADCP的情况下确定水平速度和位置信号的最佳数据融合频率点。该试验在一个开放停车场进行,以确保GPS系统接收信号清晰无障碍。试验中将IMU、倾斜计、罗经和信息采集系统(无ADCP)安装在手推车的刚性钢板上。由于缺少运动自动控制系统,因此,需要人为控制手推车在平面上四个点之内运动,其中,这四个点作为正方形的四个端点标绘出一个边长为7.88m的正方形,并且正方形的四个角指向四个方位基准点。这里选择三种运动路径:方形路径、锯齿形路径和圆形路径。每一种路径都以不同的速度至少重复三次。此外,不同路径、速度和周期的选择可以测试系统测量手推车运动的精度。

第一个数据融合过程是将IMU测量加速度和GPS测速进行数据融合,得到满频段的速度测量结果。在数据融合前的IMU数据预滤波处理是至关重要的(图85),由试验结果可知,传感器的互补频率范围在0.05Hz附近,该频率也作为数据融合频率。这样,GPS能够提供低

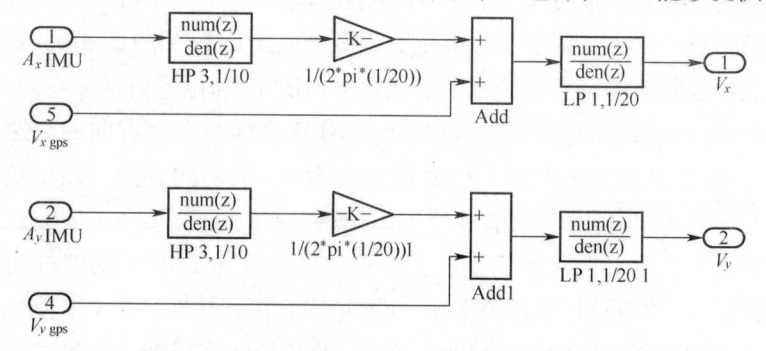

图85　IMU测量加速度与DGPS测速估算速度强化信号的
数据融合过程结构图

96

于该频率的高精度运动速度信息,IMU 提供高于该频率的高精度速度估算信息。

下一个数据融合过程是指将速度融合结果与 DGPS 定位结果相融合,得到全频段的位置估算结果。数据融合频率确定方式与上个过程相同,试验分析结果表明,该数据融合过程的数据融合频率点仍然选择0.05Hz。图 86 为速度强化信号与 DGPS 定位进行数据融合的基本结构框图。

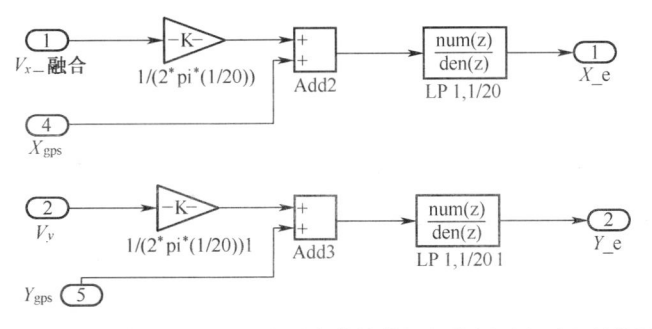

图 86　DGPS 定位结果与速度融合估算结果的数据融合过程结构图
（融合速度通过 IMU 加速度与 DGPS 测速融合得到）

从前面所描述的第一个数据融合过程中估算得到的增强的(融合后的)速度信号中包含了低于数据融合点的绝大部分有效的功率谱含量,其中数据融合点是由 DGPS 速度确定的。因此,可以利用 DGPS 定位信号与强化速度信号确定匹配频率(低于数据融合频率点),并且DGPS 测速信号在与 DGPS 定位信号融合之前不需要预处理过程。

由于需要利用增强的速度信号来校正 ADCP 的原始信号,所以定量地确定速度信号的标准差至关重要,其中增强的速度信号的标准差小于 ADCP 速度的标准差。此外,速度测量的理想值小于 1cm/s,该结果是最小单个脉冲标准差的 1.5 倍(测深单元为 8m)。

由陆上试验测试结果可知,融合速度误差的标准差可以通过求取手推车运动真实速度与融合速度估算结果的差值得到。但是,因为无法绝对准确地控制手推车,因此无法获得真实运动速度。取而代之的是采用高通滤波器来处理融合速度信号,去除载体的运动信息,得到噪声信号的估算值,再计算滤波后信号的标准差。利用该估算方法得到三种运动路径下融合速度估算结果的标准差,如表 15 所列。

表 15 数据采集系统陆用三种运动路径下,融合
速度信号标准差统计结果

融合速度标准差/(cm/s)	速度为 0.55m/s 的方形轨迹	速度为 0.93m/s 的方形轨迹	速度为 0.39m/s 的方形轨迹,端点间锯齿运动	速度为 0.47m/s 的圆形轨迹
北向分量	0.77	1.16	0.65	0.66
东向分量	0.78	1.19	0.7	0.74

强化速度信号的标准差为 0.83cm/s(<1cm/s),该结果用于海上任务的 ADCP 校正。

海上试验的主要目的是观察该条件下运动数据采集系统以及 ADCP 数据采集与校正性能。试验船上安装了数据采集系统和 TRDI ADCP,其中,R/V Oceaneer Ⅳ 用于提供海上具体运动路径的选择,以保证船舶运动过程中 ADCP 可以连续采集数据并用于后续处理。该海上试验沿佛罗里达东南海岸线进行,该海岸线区域内以南北方向洋流为主,水流速度可达到 1m/s。试验过程中,船舶运动主要遵循以下两种路径:L 形路径(向南后向东)和沿南北方向的直线路径。

本次试验中 ADCP 采用由美国 RDI 公司生产的骏马系列 600kHz 宽带 ADCP。参考声束中的声束 3 沿着相对船舶轴线顺时针 45°方向,这样可以降低返回噪声,此外,ADCP 测速比例因子是 1.4。这样,声束 2 和声束 3 指向前方,声束 1 和声束 4 指向尾部。人为水流剖面包含 16 个测深单元,每一个测深单元为 4m。这里采用的默认消隐距离为 88cm,以避免 ADCP 运行过程中的测量电流。此外,第一个测深单元中心与 ADCP 的距离是 5.05m,最后一个测深单元中心与 ADCP 的距离是 65.05m。

第一种 L 形运动路径是以约 1.04m/s 的速度南向航行 623.56m,再以约 2.04m/s 的速度东向航行 1274.8m(由 GPS 测量结果提供)。在船舶南向航行过程中,实际运动轨迹存在沿东向的微小偏差,同样,在东向航行过程中,实际运动轨迹存在沿北向的微小偏差(图 57(a))。这证明了洋流的存在,正如预期的一样,洋流运动主要沿着海

岸的南北方向,其次还有东向的分量。洋流对船舶运动轨迹的影响也可以通过第二种运动路径来观察(图57(b)),该路径主要是以约1.07m/s的速度沿东南方向直线航行687.6m,又以约2.92m/s的速度沿东北方向直线航行1988m。

水流速度可以通过观察ADCP测量值校正结果得到。为了进行比较,采用两个参考坐标系进行ADCP数据校正。第一种校正沿ADCP声束坐标系,该结果便于对ADCP原始数据的处理,换言之,该结果可以应用于无ADCP的内部校正环境。第二种校正是沿着北-东-上坐标系和ADCP地球坐标系的数据校正结果。除了观察ADCP测速之外,还对第一个测深单元的原始速度与校正ADCP速度、融合船舶速度作比较,其中,第一个测深单元中心对水流速度的敏感性最强(相对的ADCP的深度为5m)。所有试验的水流速度估算结果如表16所列,利用Google Earth对该结果重现,如图87所示。

表16　海上试验两种运动路径下,ADCP数据校正后
水流速度估算结果总结

轨迹	参考坐标系	测量单元	水流方向/°N	水流幅值/(m/s)
L形路径向南后向东	声束坐标系	测深单元1	4.74°~7.5°	0.5~0.72
		所有测深单元	13°~8.8°	0.72~0.64
直线形路径向南后向北	地球坐标系	测深单元1	8.6°	0.94
		所有测深单元	5.3°	1.07
	波束坐标系	测深单元1	5.49°~4.8°	0.65~0.68
		所有测深单元	1.25°~3.2°	0.64~0.67

因为船舶的强化速度信号的标准差(0.83cm/s)比ADCP测量水流速度的标准差要小(表17),因此ADCP校正后的数据精度更高。

本书针对无人水面舰艇的水下导航和水文测量提出了一种低成本、高频输出的运动测量系统。该系统通过集合一组运动测量传感器来进行导航和控制,以校正声学多普勒流速剖面仪(ADCP),提供水文测量信息。

图 87　海上试验两次机动(先东南向后东北向)情况下的 Google Earth 可视化效果图

表 17　两种海上运动路径,在不同测深单元处利用速度误差标准差
估算 ADCP 测速标准差结果

机动 1	ADCP 测量校正水流速度标准差/(cm/s)
测深单元 1-4:4~20m	2.6
测深单元 5-8:20~36m	3.3
测深单元 9-12:36~52m	4.4
机动 2	
测深单元 1-4:4~20m	2.4
测深单元 5-8:20~36m	3
测深单元 9-12:36~52m	3.75

推　荐

　　为了进一步完善数据采集系统的标校过程,这里推荐另外一种海上试验测试方法,即将不同控制系统的一体化作为数据融合过程的主要设计方法,并基于该方法确定最优滤波形式。此外,这里建议采用模糊数据融合过程。

附录 A　仪器输出信息格式

1. GPS

GPS 输出信息遵循 NMEA 输出格式,NMEA 相关信息格式如下:

$GPGGA – GPS 定位信息

$GPGLL –地理位置,纬度/精度

$GPGSA –当前 GNSS(全球导航卫星系统)信息

$GPGST – GNSS 伪距误差统计信息

$GPGSV –可视 GNSS 信息

$GPRMC –推荐定位信息

$GPRRE –伪距残差信息

$GPVTG –地面速度信息

$GPZDA –时间及日期信息

GPGGA 信息中包括了 GPS 定位的相关细节信息,该信息也是 NMEA 中最常用的一类信息,GPGGA 信息具体格式如下:

$GPGGA,hhmmss. ss,ddmm. mmm,a,dddmm. mmm,b,q,xx,p. p, a. b,M,c. d,M,x. x,nnnn

hhmmss. ss=UTC 时间

ddmm. mmm=纬度

a=纬度 N(北纬)或 S(南纬)

dddmm. mmm=经度

b=经度 E(东经)或 W(西经)

q=GPS 状态(0=未定位,1=非差分定位,2=差分定位,6=正在估算)

xx=正在使用的卫星数量

p. p=水平精度因子

a. b=海平面高度

M=海平面高度,单位:米

c. d=大地水准面高度

M=大地水准面高度,单位:米

x. x=差分时间(从最近一次接收到差分信号开始的秒数)

nnnn=参考基站 ID,0000~1023

2. 罗经

TCM2 型罗经输出信息格式遵循 NMEA 准则,格式如下:

\$C<罗经>P<纵摇>R<横摇>

附录 B ADCP 设置与采集

1. 串行中断

通过控制线路控制寄存器(Line Control Register, LCR)的第六位(设置使能中断)产生串行中断,进而唤醒 ADCP。其中,LCR 能够控制发送数据线(Transmit Data, TD)和接收数据线(Receive Data, RD)上的数据。当该位有效时,TD 线进入"空置"状态,该状态会在 UART 接收端产生一个中断。该位设置为 0 时,则中断禁止。RS232 寄存器见表 18。

表 18 RS232 寄存器

基址	DLAB	读/写	缩写	寄存器名称
+0	=0	写	—	发送暂存缓冲区
	=0	读	—	接收缓冲区
	=1	读/写	—	除数低位字节
+1	=0	读/写	IER	中断使能寄存器
	=1	读/写	—	除数高位字节
+2	—	读	IIR	中断标志寄存器
	—	写	FCR	FIFO 控制寄存器
+3	—	读/写	LCR	线路控制寄存器
+4	—	读/写	MCR	调制解调器控制寄存器
+5	—	读	LSR	线路状态寄存器
+6	—	读	MSR	调制解调器状态寄存器
+7	—	读/写	—	临时寄存器

2. ADCP 数据下载

ID 号为 7F7F 的数据包含数据头;ID 号为 0000 和 8000 的数据为

103

固定或可变的重要数据。PD0 标准输出数据缓存格式见表 19。

表 19 PD0 标准输出数据缓存格式

固定输出	数据头:6 字节+[2*数据类型字节数]
	固定头数据:53 字节
	可变头数据:65 字节
WP −命令 WD −命令	速度:2 字节+8 字节(每个测深单元)
	相关幅度:2 字节+4 字节(每个测深单元)
	回波强度:2 字节+4 字节(每个测深单元)
	优良率:2 字节+4 字节(每个测深单元)
BP −命令	海底跟踪数据:85 字节
固定输出	备用:2 字节
	校验位:2 字节

若已知二进制地址偏移量,则可以直接访问目标数据,如纵摇角、横摇角和方位角信息,以及 16 个测深单元中每个测深单元的四个测速(沿四束声束方向)结果。

参 考 文 献

[1] Leonessa, A. , Beaujean, P. - P. , Driscoll, F. R. : Development of a small, multi - purpose, autonomous surface vessel. Florida Atlantic University, Department of Ocean Engineering (2002).

[2] Sousa, J. , Cruz, N. , Matos, A. , Lobo Pereira, F. : Multiple AUVS for coastal oceanography. In : OCEANS 1997, MTS/IEEE Conference Proceedings, October 6 - 9, vol. 1, pp. 409 - 414 (1997).

[3] Bane, G. , Ferguson, J. : The evolutionary development of the military autonomous underwater vehicle. In : Proceedings of the 5th International Symposium on Unmanned Untethered Submersible Technology, vol. 5, pp. 60 - 88 (June 1987).

[4] Grenon, G. , An, E. , Smith, S. , Healey, A. : Enhancement of the Inertial Navigation System for the Morpheus Autonomous Underwater Vehicles. IEEE, Journal of Oceanic Engineering 26(4) (October 2001).

[5] Vickery, K. , Sonardyne, Inc. : Acoustic Positioning Systems, a practical overview of current system. In : IEEE, Proceedings of the Autonomous Underwater Vehicle (1998).

[6] Babb, R. J. : Navigation of unmanned underwater vehicles for scientific surveys. In : Proceedings of the Symposium on Autonomous Underwater Vehicle Technology, AUV 1990, June 5 - 6, pp. 194 - 198 (1990).

[7] Rayes, R. : Characterization study of theFlorida current at 26. 11 North latitude, 79. 50 West longitude for ocean current power generation. Thesis submitted to the faculty of the College of Engineering, Florida Atlantic University, Boca Raton (May 2002).

[8] BEI MotionPak Low Cost Multi - Axis Inertial Sensing System technical manual. Systron Donner Inertial Division (1998).

[9] TCM2 Electronic Compass Module - User's Manual. Precision Navigation, Inc. (July 2003).

[10] Garmin GPS 76 owner's manual and reference guide, GARMIN Corporation (2001).

[11] Navigator ADCP/DVL Technical Manual. RD Instruments, Second Edition for Broadband ADCP, P/N 951 - 6069 - 00 (1996).

[12] Shafer, S. A. , Stentz, A. : An Architecture for Sensor Fusion in a Mobile Robot. IEEE (1986).

[13] Luo, R. C. , Kay, M. G. : Multisensor Integration and Fusion in Intelligent Systems. IEEE SMC -

19(5) (1989).

[14] Cvetanovs, J. K. : Autonomous Submersible Robot: Sensor Characterization and Testing. RSL Australian National University (2000).

[15] Gustafson, E. I. : A Post – Processing Kalman smoother for Underwater Vehicle Navigation. FAU Ocean Engineering Dept. (2001).

[16] Welch, G. , Bishop, G. : An Introduction to the Kalman Filter. University of North Carolina, Department of Computer Science (2001).
http://www. cs. unc. edu/~welch/kalman/

[17] Chaumet – Lagrange, M. , Loeb, H. , Ygorra, S. : Design of an Autonomous Surface Vehicle (ASV) . University of Bordeaux I, France, Automatic and production Laboratory, IEEE (1994).

[18] Manley, J. E.: Development of the Autonomous Surface Craft ' ACES '. Massachusetts Institute of Technology, Department of Ocean Engineering, Sea Grant College Program, Cambridge MA 02139, IEEE (1997).

[19] CARAVELA Development of a Long – Range Autonomous Oceanographic Vessel, Dynamic Systems and Ocean Robotics lab (DSOR) (1998 – 2000).

[20] Advanced System Integration for Managing the Coordinated Operation of Robotic Ocean Vehicles (ASIMOV). ISR – IST, Lisbon, Portugal, ORCA Instrumentation, France; System Technologies, United Kingdom; ENSIETA, France (1998 – 1999 – 2000).

[21] Oliveira, P. , Pascoal, A. , Rufino, M. , Sebastiao, L. , Silvestre, C. : The DELFIM Autonomous Surface Craft. Report (December 1999).

[22] Oliveira, P. , Pascoal, A. , Kaminer, I. : A Nonlinear Vision Based Tracking System for Coordinated Control of Marine Vehicles. IST/DEEC, Lisbon, Portugal, Naval Postgraduate School, Monterey, USA (2002).

[23] Mudge, T. D. , Lueck, R. G. : Digital Signal Processing to Enhance Oceanographic Observations. Journal of Atmospheric and Oceanic Technology 11(3) (June 1994).

[24] Fossen, T. , Lane, B. : Guidance and Control of Ocean Vehicles. John Wiley and Sons, Ins. , England (1994).

[25] Etkin, B. : Dynamics of Atmospheric Flight. Wiley, New York (1972).

[26] Driscoll, F. R. , Lueck, R. G. , Nahon Retkin, M. : The motion of a deep – sea remotely operated vehicle system, Part 1: Motion observations. Ocean Engineering 27, 29 – 56 (2000).

内 容 简 介

　　本书为 Springer 出版社出版的"造船学、海洋工程、造船业和船舶"系列丛书之一,由 Chrystel Gelin 编写。书中首先阐述了本书研究内容的原因和意义,并对本书的研究内容进行了简单介绍,使读者充分了解本书的发展脉络。然后,介绍了水面无人艇的基本概念、各类传感器和数据采集系统,让读者对水面无人艇有了简单并全面的认识。在此基础上,详细介绍了水面无人艇的数据处理技术,并基于该技术进行大量试验,通过对试验数据的详细分析、深入处理以及试验结果的列举,充分验证了水面无人艇数据采集系统的信息处理能力,使读者对该技术的理论正确性与工程适用性有了充分的了解。

　　本书不仅介绍了水面无人艇的相关理论知识,还对相关技术的工程适用性进行了充分验证,对该领域的相关研究工作具有重要的参考价值。